1+X证书制度试点培训用书 · Python程序开发

中慧云启

# Python 程序开发

## （初级）



中慧云启科技集团有限公司 | 主编

人民邮电出版社
北京

**图书在版编目（CIP）数据**

Python程序开发 ：初级 / 中慧云启科技集团有限公司主编. -- 北京 ：人民邮电出版社，2021.11
1+X证书制度试点培训用书
ISBN 978-7-115-57317-9

Ⅰ. ①P… Ⅱ. ①中… Ⅲ. ①软件工具－程序设计－教材 Ⅳ. ①TP311.561

中国版本图书馆CIP数据核字(2021)第185052号

## 内 容 提 要

面向职业院校和应用型本科院校开展 1+X 证书制度试点工作是落实《国家职业教育改革实施方案》的重要内容之一。为了便于 1+X 证书标准融入院校学历教育，中慧云启科技集团有限公司组织编写了“1+X 证书制度试点培训用书 • Python 程序开发”系列教材。

《Python 程序开发（初级）》以《Python 程序开发职业技能等级标准》为编写依据，内容主要包括 Python 应用基础编程、用户界面设计和网络爬虫分析 3 个部分，涵盖了 Python 基础编程、Web 项目原型图构建、Web 静态页面开发、静态网站爬虫及数据持久化存储和可视化处理等相关内容。

本书以模块化的结构组织各章节，以任务驱动的方式安排具体内容，以培养院校学生能力为目的，充分体现了“做中学，学中做”的思想。本书可用于 1+X 证书制度试点工作中的 Python 程序开发职业技能培训，也可以作为期望从事 Python 程序开发的人员的自学参考用书。

◆ 主　　编　中慧云启科技集团有限公司
责任编辑　王海月
责任印制　陈　犇
◆ 人民邮电出版社出版发行　　北京市丰台区成寿寺路 11 号
邮编　100164　　电子邮件　315@ptpress.com.cn
网址　https://www.ptpress.com.cn
固安县铭成印刷有限公司印刷
◆ 开本：787×1092　1/16
印张：14.75　　　　2021 年 11 月第 1 版
字数：355 千字　　　　2025 年 1 月河北第 10 次印刷

定价：69.80 元

**读者服务热线：(010)53913866　印装质量热线：(010)81055316**
**反盗版热线：(010)81055315**
**广告经营许可证：京东市监广登字 20170147 号**

# 编辑委员会


**主　　编：**中慧云启科技集团有限公司

**编写组成员：**卞继海　侯仕平　于腾飞　张全伟

曾安斌　周亚雄

# 前 言

为深入贯彻《国家职业教育改革实施方案》和全面落实教育部等四部门在院校开展“学历证书”+“若干职业技能等级证书”制度试点工作要求，应对新一轮科技革命和产业变革的挑战，促进人才培养供给和产业需求全方位的融合，促进教育链、人才链与产业链、创新链有机衔接，推进人力资源供给侧结构性改革，深化产教融合、校企合作、项目育人的“德技并重、理实一体”人才培养模式，我们依据《职业技能等级标准开发指南（试行）》中的相关要求，在遵循有关技术规程的基础上，以专业技能为核心，组织工程师、高职和本科院校的学术带头人共同开发了《Python 程序开发职业技能等级标准》。本书以《Python 程序开发职业技能等级标准》中的职业素养和岗位技能为重点目标，以专业技能为模块，以工作任务为驱动进行编写，帮助读者掌握 Python 程序开发的专业知识和技能。

Python 是当今流行的面向对象编程语言之一，在网络爬虫、科学计算、数据处理、数据分析和人工智能等诸多领域得到了广泛的运用。Python 是一种解释型、面向对象、动态数据类型的高级程序设计语言，其语法简洁、功能强大、易学易用，代码可读性强，且其编程模式非常符合人类的思维方式和习惯，具有很高的效率。Python 是一种跨平台的计算机程序设计语言，支持命令式编程、函数式编程，完全支持面向对象程序设计，拥有大量功能强大的内置对象、标准库和扩展库，使得各领域的科研人员、策划人员甚至管理人员能够快速实现和验证自己的思路与创意，随着版本的不断更新和新功能的增加，Python 越来越多地被用于独立的大型项目开发。

本书在知识体系和章节结构上进行了精心的编排，从而能在确保知识体系完整的情况下，增强实用性和趣味性。本书使用了丰富的案例，通过以成果为导向的学习模式，读者可以在项目实操中学习，在实践中充分掌握 Python 编程技术。

本书将 Python 程序设计相关知识分为 3 篇（Python 应用基础编程、用户界面设计和网络爬虫分析），共 12 章，具体介绍如下。

第一篇为 Python 应用基础编程（第 1 章~第 8 章），首先介绍 Python 的发展历史和版本、开发环境的安装及使用，内置对象的使用和表达式操作等；Python 列表、元组、字典、集合等序列结构和程序控制结构；函数的封装和调用；字符串的操作和转换；正则表达式的使用等，让读者能够使用 Python 实现简单的编程和开发。其次，系统地讲解面向对象程序设计、文件的读写操作、文件与文件夹操作，能够让读者结合实际的案例，实现一些常用的文件的操作，进行一些小项目的开发和运维。

第二篇为用户界面设计（第 9 章~第 10 章），首先介绍了 UI 设计规范和利用 Axure 构建项目原型图；然后，介绍了 Web 静态页面开发的基础知识，包括 HTML 和 HTML5 语言、CSS 和 CSS3 样式操作，以及利用 ECharts 插件将数据可视化渲染到 Web 页面，让读者能够开发一些简单的 Web 页面，为进一步学习 Web 全栈开发以及爬虫处理打好基础。

第三篇为网络爬虫分析（第 11 章~第 12 章），主要介绍使用 XPath 或 Beautiful Soup 4 对页面进行结构分析，确定页面标签构成，运用正则表达式抽取页面信息，制定爬虫业务逻辑，使用 urllib 或 requests 基础库爬取静态页面内容，并对爬取的数据进行持久化存储，以及将数据可视化渲染到 Web 页面，通过实际的案例实现工作中所需信息的合法爬取和处理。

本书配备了丰富的教学资源，包括教学 PPT、源代码、习题答案，读者可通过访问链接（https://exl.ptpress.cn:8442/ex/l/89ea2db8），或扫描下方二维码免费获取相关资源。

说明：本书代码中部分 URL 用“特殊编码代号（httpAddr-xxx）”表示，具体的 URL 见本书附带的源代码资源。

本书虽经编写团队的老师多次讨论、修改和完善，但书中仍可能存在一些问题，敬请广大读者批评指正，我们将会在不断修正及迭代中逐步完善。衷心希望本书能为教学、培训提供参考。

编者

2021 年 3 月

# 目 录

## 第一篇 Python 应用基础编程

# 第二篇 用户界面设计

# 第三篇　网络爬虫分析

## 第三篇 网络爬虫分析

# 第一篇

# Python应用基础编程

01

# 第1章 Python概述

**本章导学**

Python 是一门面向对象、解释型计算机程序设计语言，其特点在于提供了丰富的内置对象、运算符和标准库对象，开发精简快速，而庞大的扩展库更是极大增强了 Python 的功能，其应用已经渗透到大部分领域和学科。本章主要介绍 Python 的特点、运行环境、编程规范、扩展库的安装等。

**学习目标**

（1）了解 Python 的发展历史。

（2）了解 Python 的应用领域。

（3）掌握 Python 的运行环境的安装。

（4）掌握 Python 开发工具的使用。

（5）了解 Python 的编程规范。

## 1.1 认识 Python

### 1.1.1 Python 的发展历史

Python 的设计者为荷兰的软件工程师 Guido van Rossum，他在 1991 年 2 月正式公开发布了 Python 的第一个版本。Python 是一种跨平台、开源、免费的解释型高级动态编程语言，也是一种通用编程语言。除了可以解释执行之外，Python 还支持将源代码伪编译为字节码来优化程序，提高加载速度，并对源代码进行一定程度的保密，也支持使用 py2exe、PyInstaller、cx_Freeze 或类似工具将 Python 程序及其所有依赖库打包成各种平台上的可执行文件；Python 支持命令式编程和函数式编程两种方式，完全支持面向对象程序设计，语法简洁清晰，功能强大且易学易用，最重要的是其拥有大量的支持大部分领域应用开发的成熟扩展库。Python 已经渗透到统计分析、移动终端开发、科学计算可视化、系统安全、逆向工程与软件分析、图形图像处理、人工智能、机器学习、游戏设计与策划、网站开发、数据爬取与大数据处理等专业和领域。

Python 官方网站曾同时发行和维护 Python 2.x 和 Python 3.x，这两种版本差异较大，并且 Python 3.x 无法向后兼容 Python 2.x，Python 官方已于 2020 年 1 月 1 日放弃 Python 2.x 的维护和更新，因此，本书采用 Python 3.7.9 进行项目的开发和实例讲解。

### 1.1.2 Python语言的优缺点

Python作为一种被广泛使用的语言，具有以下显著优点。

#### 1. 免费开源

Python是一种免费、开源的面向对象、解释型计算机程序设计语言，源代码遵循通用公共许可证（GPL，GNU General Public License）协议。Python语法简洁而清晰，具有丰富和强大的类库，常被称为“胶水语言”，可以把其他语言制作的各种模块（尤其是C/C++）很轻松地联结在一起。开发人员在开发的时候，经常使用Python快速生成程序的原型，然后使用更合适的语言改写其中有特殊要求的部分，重写后将其封装为Python可以调用的扩展类库，使用Python进行调用，从而提升整个项目的开发速度。

#### 2. 具有良好的跨平台特性

Python作为一种解释型的语言，具有跨平台的特性。只要平台提供了相应的Python解释器，Python就可以在该平台上运行。Python程序可以运行于各大主流操作系统平台，包括Windows、Linux、Mac OS和UNIX等，而且多数Linux系统自带Python，可以直接调用。

#### 3. 简单易学

Python是一种代表简单主义思想的语言，语法简洁而流畅。与其他语言相比，Python最大的优点之一是具有伪代码的本质，程序代码十分清晰易读，实现同样的功能所用的代码常常少于其他语言。

#### 4. 资源丰富

Python被广泛运用于各个领域，目前已成为热门的三大语言之一，而且资源丰富。Python拥有很多机器学习和科学计算的库，如TensorFlow、Scikit-learn、Keras、pandas等。

当然Python也存在一些不足，其具有解释型语言的一些缺点。

（1）速度慢：Python程序的运行速度比Java、C、C++等程序的运行速度慢。

（2）源代码加密困难：不像编译型语言的源程序会被编译成目标程序，Python直接运行源程序，因此，对源代码加密比较困难。

### 1.1.3 Python应用领域

Python应用领域典型的工具和库如下。

（1）Web应用开发：Django、Flask等。

（2）爬虫数据采集：Scrapy、PySpider等。

（3）服务器运维：Tornado、Twisted等。

（4）自动化测试：Selenium等。

（5）科学计算：NumPy、pandas、Matplotlib等。

（6）机器学习：Scikit-learn等。

（7）深度学习：TensorFlow、Caffe 等。

## 1.2　安装 Python 运行环境

Python 官方安装包内置开发与学习环境 IDLE，可以实现程序的编写和调试，IDLE 提供了语法高亮（使用不同的颜色显示不同的语法元素，例如，使用绿色显示字符串、橙色显示 Python 关键字、紫色显示内置函数）、交互式运行、程序编写和运行，以及简单的程序调试功能，基本可以满足初学者使用。对于大型项目开发，目前比较流行的开发工具还有 PyCharm 和 VS Code，这些开发工具则对 Python 解释器主程序进行了不同的封装和集成，使得代码的编写和项目管理更加方便。

### 1.2.1　软件下载与安装

在 Python 官方网站下载 Python 3.7.9（根据自己计算机的操作系统选择 32 位或 64 位）并安装（建议安装路径为 C：\Python37），注意勾选“Add Python 3.7 to PATH”（如图 1–1、图 1–2 所示）。

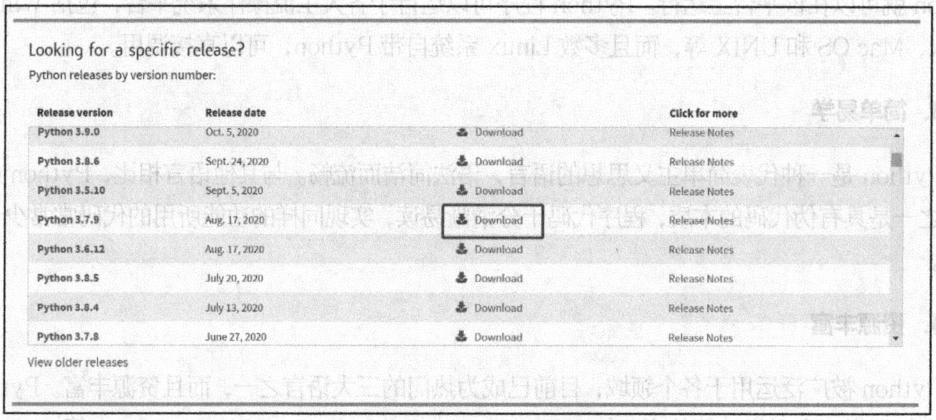


图 1–1　Python 3.7.9 下载界面

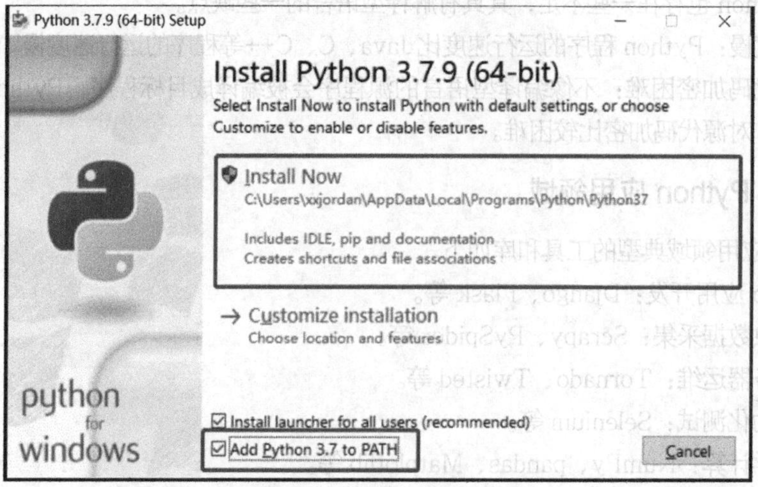


图 1–2　Python 安装界面

安装完成后，在 Windows 开始菜单中，通过单击右键搜索 Python 3.7，打开并运行，出现的界面如图 1-3 所示，说明 Python 安装成功。

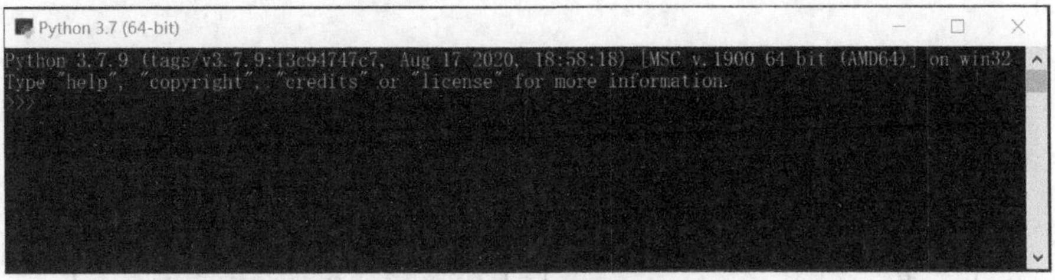
Python 3.7 (64-bit)
Python 3.7.9 (tags/v3.7.9:13c94747c7, Aug 17 2020, 18:58:18) [MSC v.1900 64 bit (AMD64)] on win32
Type "help", "copyright", "credits" or "license" for more information.
>>>

图 1-3 Python 交互界面

### 1.2.2 IDLE

IDLE 是原始的 Python 开发环境之一，没有集成任何扩展库，也不具备强大的项目管理功能。但也正是基于此，开发过程中的一切都需要自己掌控，这深得资深 Python 爱好者喜爱。在 Windows 开始菜单中，打开 IDLE，如图 1-4 所示，看到的就是 IDLE 交互式开发界面，在交互式开发环境中，每次只能执行一条语句，当提示符 “>>>” 再次出现时方可输入下一条语句，按<Enter>键运行可立刻输出结果。

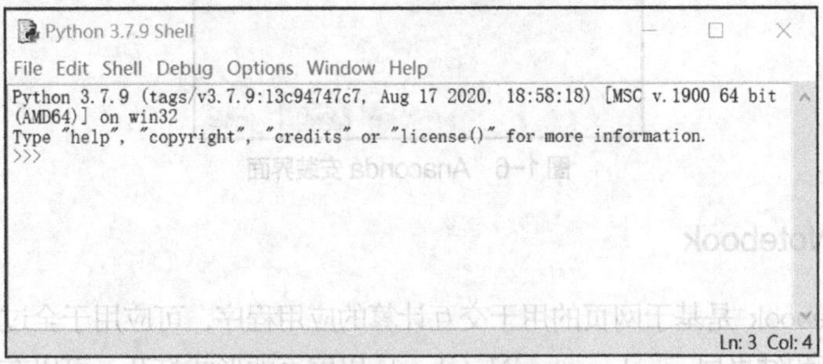
Python 3.7.9 Shell
File Edit Shell Debug Options Window Help
Python 3.7.9 (tags/v3.7.9:13c94747c7, Aug 17 2020, 18:58:18) [MSC v.1900 64 bit (AMD64)] on win32
Type "help", "copyright", "credits" or "license()" for more information.
>>>
Ln: 3 Col: 4

图 1-4 IDLE 交互界面

如果要执行大段代码，为了方便反复修改，可以在 IDLE 中选择 “File” → “New File” 命令来创建一个程序文件，将其保存为扩展名为 “.py” 的文件，然后按<F5>键或选择 “Run” → “Run Module” 命令运行程序，结果会显示在交互式窗口中，如图 1-5 所示。

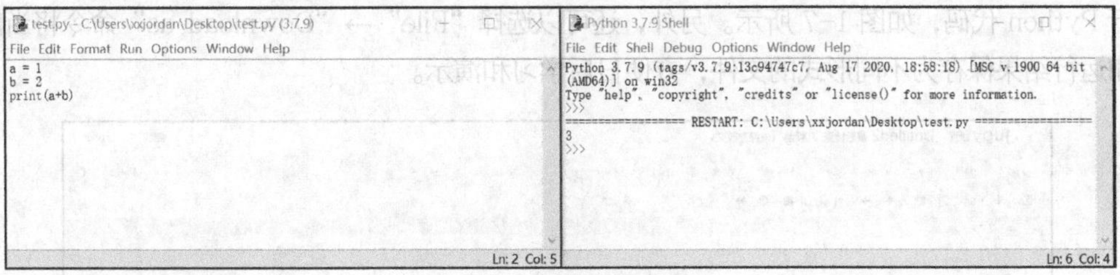
test.py - C:\Users\xxjordan\Desktop\test.py (3.7.9)
File Edit Format Run Options Window Help
a = 1
b = 2
print(a+b)
Ln: 2 Col: 5
Python 3.7.9 Shell
File Edit Shell Debug Options Window Help
Python 3.7.9 (tags/v3.7.9:13c94747c7, Aug 17 2020, 18:58:18) [MSC v.1900 64 bit (AMD64)] on win32
Type "help", "copyright", "credits" or "license()" for more information.
>>>
================ RESTART: C:\Users\xxjordan\Desktop\test.py ================
3
>>>
Ln: 6 Col: 4

图 1-5 IDLE 程序编写界面

### 1.2.3 Anaconda 3

Anaconda 是用于科学计算的 Python 发行版本，它包含 Conda、Python 在内的超过 180 个数据科学包及其依赖项。Anaconda 3 的安装包集成了大量常用的扩展库，并提供了 Jupyter

Notebook 和 Spyder 两个开发环境，得到了广大初学者和教学、科研人员的喜爱。

在 Anaconda 官方网站下载 Anaconda3-2020.02-Windows-x86_64.exe，安装过程如图 1-6 所示。

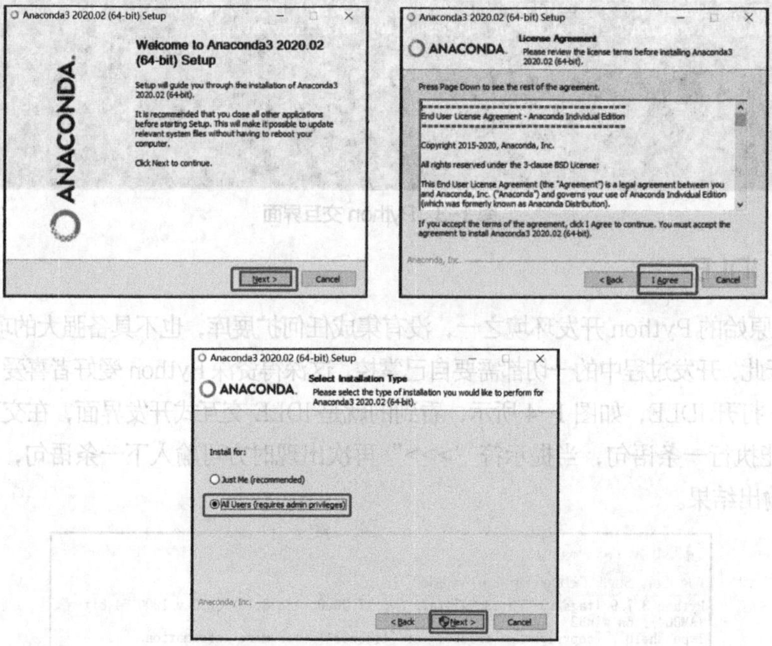


图 1-6　Anaconda 安装界面

### 1. Jupyter Notebook

Jupyter Notebook 是基于网页的用于交互计算的应用程序，可应用于全过程计算、开发、文档编写、代码运行和结果展示。Jupyter Notebook 以网页的形式打开，可以在网页页面中直接编写代码和运行代码，代码的运行结果也会直接在代码块下显示。如果在编程过程中需要编写说明文档，可在同一个页面中直接编写，以便进行及时说明和解释。

在 CMD 命令窗口中输入“jupyter notebook”以启动 Jupyter Notebook，启动时会打开一个网页，在该网页右上角选择菜单“New”→“Python 3”命令，打开一个新窗口，此时即可编写和运行 Python 代码，如图 1-7 所示。另外，还可以选择“File”→“Download as”命令将当前代码和运行结果保存为不同形式的文件，方便日后学习和演示。

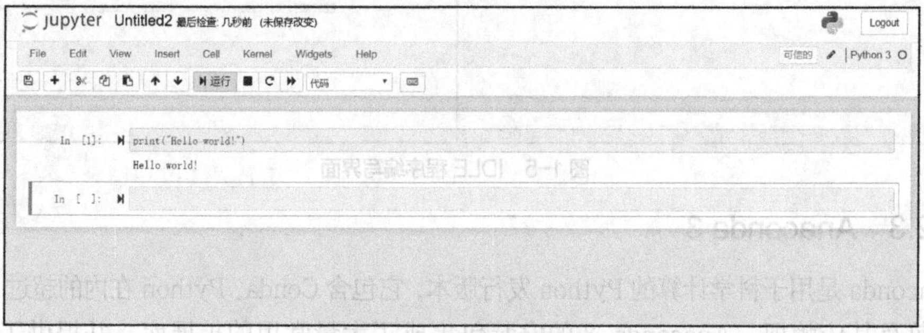


图 1-7　Jupyter 编程界面

### 2. Spyder

Anaconda 自带的集成开发环境 Spyder 同时提供了交互式开发界面和程序编程与运行界面，以及程序调试和项目管理功能，使用起来非常方便，如图 1-8 所示。单击工具栏中的“Run File”按钮运行程序，在交互式窗口中显示运行结果。

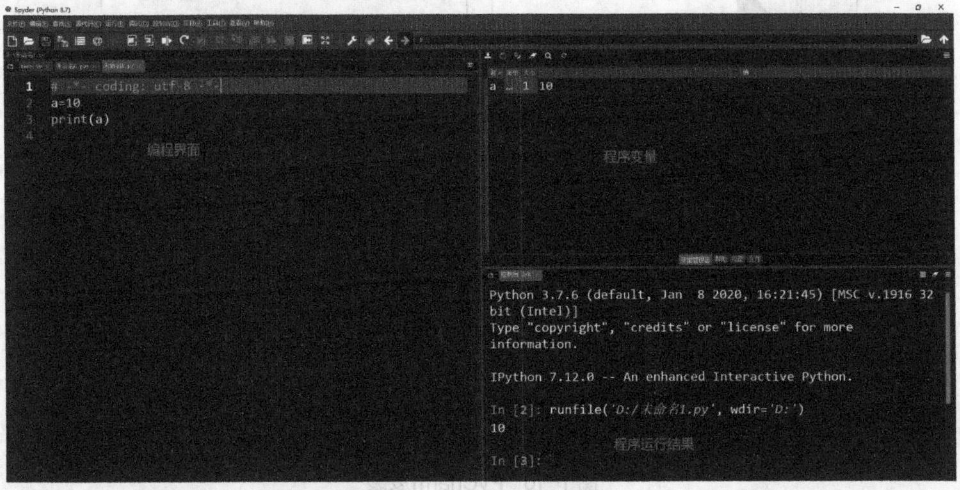


图 1-8　Spyder 编程界面

## 1.2.4　PyCharm

PyCharm 是在工业领域中使用较多的 Python 开发环境，拥有强大的智能提示和项目管理功能。

在官网下载合适的版本进行安装，安装过程如图 1-9 和图 1-10 所示。

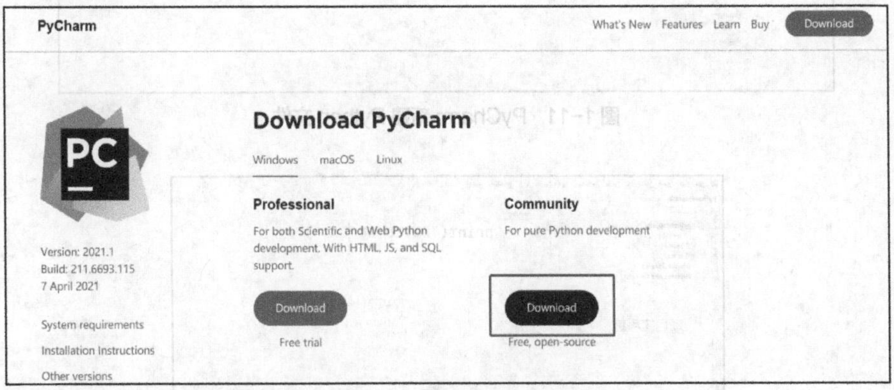


图 1-9　下载 PyCharm

安装完成后，打开软件选择菜单“File”→“New Project”命令，建立一个新的工程，然后右键单击“Project”，新建一个 Python 文件，开始编程，界面如图 1-11 所示。

在编程区域进行编程，然后保存为 test.py 文件，在该文件上单击右键，选择“Run test”命令运行程序，如图 1-12 所示。

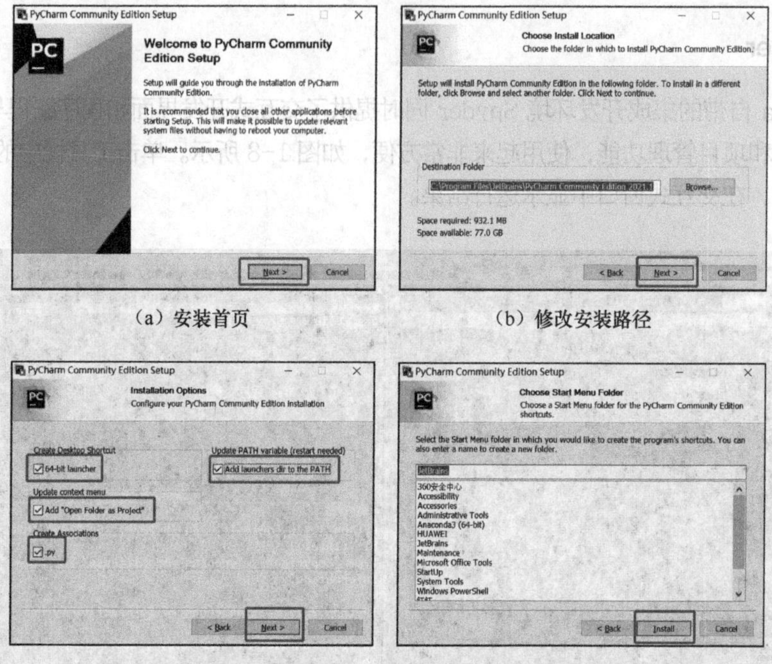


（a）安装首页　　（b）修改安装路径

（c）添加到系统环境　　（d）进行安装

图 1-10　PyCharm 安装

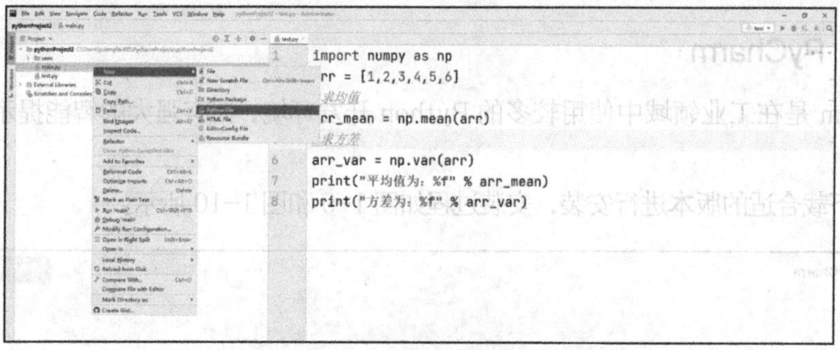


图 1-11　PyCharm 新建 Python 文件

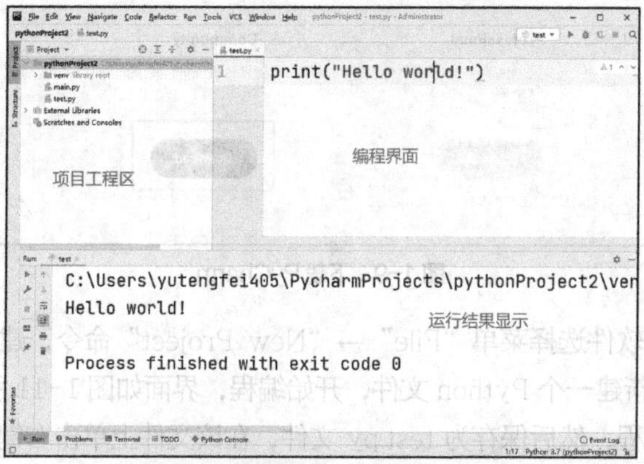


图 1-12　PyCharm 程序运行界面

PyCharm 安装完成之后，为了能够识别扩展库，需要配置 Python 解释器路径。依次选择菜单“File”→“Settings”命令，然后单击“Python Interpreter”，单击右上角的配置按钮，再单击“add”，选择，如图 1-13 所示，选择路径为 Python 的安装目录下的“python.exe”，单击“OK”确定，如图 1-14 所示。

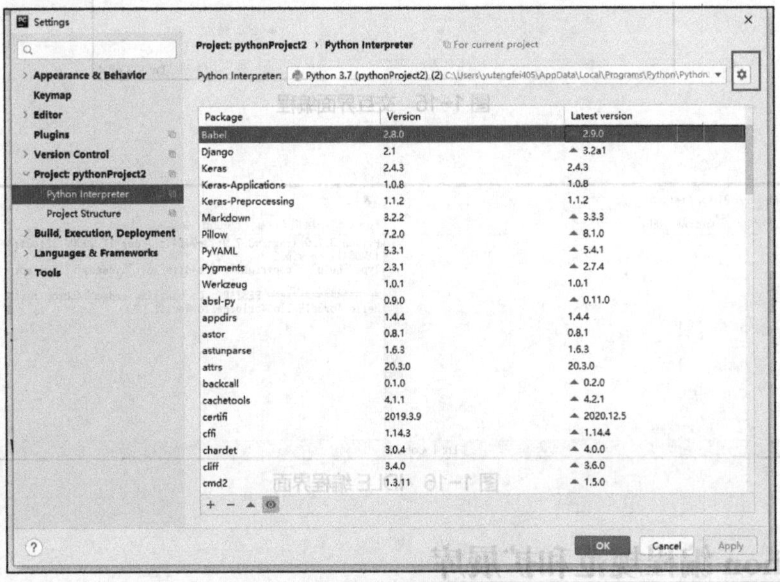


图 1-13　Python 解释器路径配置

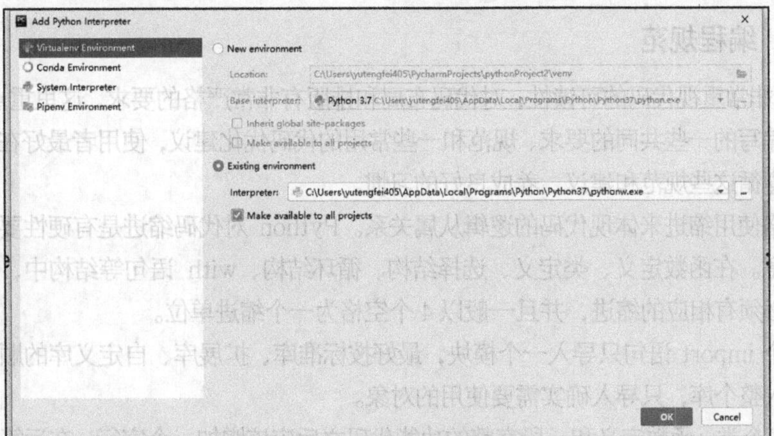


图 1-14　Python 扩展库路径设置

【案例 1】安装 Python 运行环境，编写第一个程序。

（1）右键单击 Windows 左下角“开始”菜单，在搜索中输入“IDLE”，单击“打开”。

（2）输入 print(“Hello World!”)，按<Enter>键，显示如图 1-15 所示。

（3）单击 File→New File，创建一个新的.py 文件。

（4）单击 File→Save，保存为“test.py”文件，路径自定义。

（5）输入 print(“Hello World!” *3)，单击“Run”→“Run Module”命令运行程序，运行结果如图 1-16 所示。

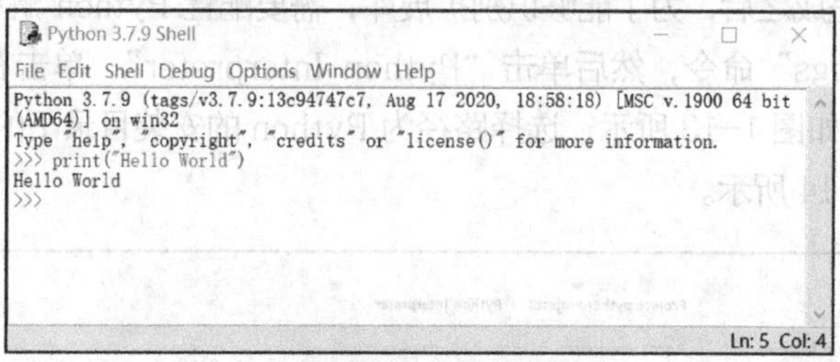


图 1-15　交互界面编程

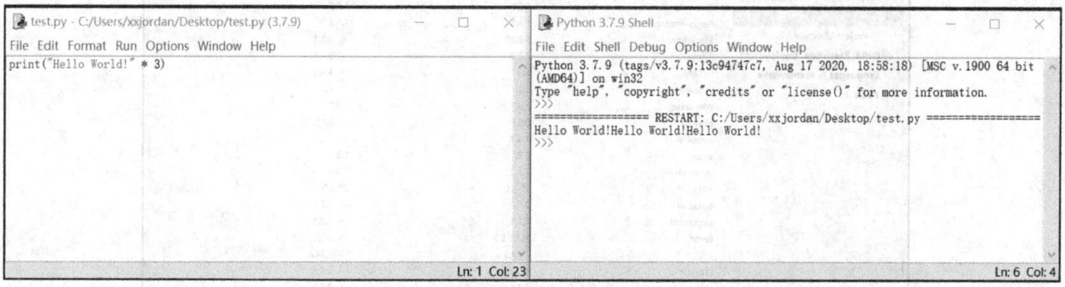


图 1-16　IDLE 编程界面

## 1.3　Python 编程规范和扩展库

### 1.3.1　编程规范

Python 非常重视代码的可读性，对代码布局和排版有非常严格的要求。这里重点介绍 Python 社区对代码编写的一些共同的要求、规范和一些常用的代码优化建议，使用者最好在开始编写第一段代码时就遵循这些规范和建议，养成良好的习惯。

（1）严格使用缩进来体现代码的逻辑从属关系。Python 对代码缩进是有硬性要求的，这一点必须时刻注意。在函数定义、类定义、选择结构、循环结构、with 语句等结构中，对应的函数体或语句块都必须有相应的缩进，并且一般以 4 个空格为一个缩进单位。

（2）每个 import 语句只导入一个模块，最好按标准库、扩展库、自定义库的顺序依次导入。尽量避免导入整个库，只导入确实需要使用的对象。

（3）在每个类、函数定义和一段完整的功能代码之后应该增加一个空行，在运算符两侧各增加一个空格，在逗号后面增加一个空格。

（4）尽量不要写过长的语句。如果语句过长，可以考虑将其拆分成多个短语句，以保证代码具有较好的可读性。如果语句确实太长而超过屏幕宽度，最好使用续行符“\”，或者使用圆括号把多行代码括起来以表示是一条语句。

（5）书写复杂的表达式时，建议在适当的位置加上括号，这样可以使得各种运算的隶属关系和顺序更加明确。

（6）为关键代码和重要的业务逻辑代码添加必要的注释。在 Python 中有两种常用的注释符号：“#”和“三引号”。“#”用于添加单行注释，“三引号”常用于添加大段说明性文本注释。

【案例 2】Python 之禅。

在 Python 的交互界面输入"import this"，按<Enter>键，会发现返回了一些代码规范，Python 程序员在编写代码时要谨记这些规范，如图 1-17 所示。

```
>>> import this
The Zen of Python, by Tim Peters

Beautiful is better than ugly.
Explicit is better than implicit.
Simple is better than complex.
Complex is better than complicated.
Flat is better than nested.
Sparse is better than dense.
Readability counts.
Special cases aren't special enough to break the rules.
Although practicality beats purity.
Errors should never pass silently.
Unless explicitly silenced.
In the face of ambiguity, refuse the temptation to guess.
There should be one-- and preferably only one --obvious way to do it.
Although that way may not be obvious at first unless you're Dutch.
Now is better than never.
Although never is often better than *right* now.
If the implementation is hard to explain, it's a bad idea.
If the implementation is easy to explain, it may be a good idea.
Namespaces are one honking great idea -- let's do more of those!
```

图 1-17　Python 代码规范

其中文含义如下。

- 优美胜于丑陋（Python 以编写优美的代码为目标）。
- 明了胜于晦涩（优美的代码应当是明了的，命名规范，风格相似）。
- 简洁胜于复杂（优美的代码应当是简洁的，不要有复杂的内部实现）。
- 复杂胜于凌乱（如果复杂不可避免，那么代码间也不能有难懂的关系，要保持接口简洁）。
- 扁平胜于嵌套（优美的代码应当是扁平的，不能有太多的嵌套）。
- 间隔胜于紧凑（优美的代码有适当的间隔，不要奢望用一行代码解决问题）。
- 可读性很重要（优美的代码是可读的）。
- 即便假借特例的实用性之名，也不可违背这些规则（这些规则至高无上）。
- 不要包容所有错误，除非你确定需要这样做（精准地捕获异常，不编写 except: pass 风格的代码）。
- 当存在多种可能时，不要尝试去猜测。而是尽量找一种，最好是唯一一种明显的解决方案（如果不确定，就用穷举法）。虽然这并不容易，因为你不是 Python 之父（这里的 Dutch 是指 Guido）。
- 做也许好过不做，但不假思索就动手还不如不做（动手之前要细思量）。
- 如果你无法向人描述你的方案，那么它肯定不是一个好方案；反之亦然（方案测评标准）。
- 命名空间是一种绝妙的理念，我们应当多加利用（倡导与号召）。

### 1.3.2　扩展库

在 Python 中，库或模块是指一个包含函数定义、类定义或常量的 Python 程序文件，一般并不对这两个概念进行严格区分。除了 math（数学模块）、random（与随机数和随机化有关的模块）、datetime（日期时间模块）、collections（包含更多扩展性序列的模块）、functools（与函数和函数式编程有关的模块）、tkinter（用于开发 GUI 程序的模块）、urllib（与网页内容读取和网页地址解析有关的模块）等大量标准库之外，Python 还有 Openpyxl（用于读写 Excel

文件）、Python-docx（用于读写 Word 文件）、NumPy（用于数组计算与矩阵计算）、SciPy（用于科学计算）、Pandas（用于数据分析）、Matplotlib（用于数据可视化或科学计算可视化）、Scrapy（爬虫框架）、Shutil（用于系统运维）、PyOpenGL（用于计算机图形学编程）、Pygame（用于游戏开发）、Sklearn（用于机器学习）、TensorFlow（用于深度学习）等渗透到大部分领域的扩展库或第三方库。到目前为止，Python 的扩展库已经超过 8 万个，并且还在增加。标准的 Python 安装包中只包含了标准库，并不包含任何扩展库，开发人员可根据实际需要选择合适的扩展库进行安装和使用。Python 自带的 pip 工具是管理扩展库的主要方式，支持 Python 扩展库的安装、升级和卸载等操作。在 Anaconda 3 中，可以使用 conda 命令管理扩展库，其用法与 pip 类似。

【案例 3】计算平均值和方差。

第一步：先安装 NumPy 库。

打开 cmd 界面，输入“pip install numpy”，结果如图 1-18 所示。

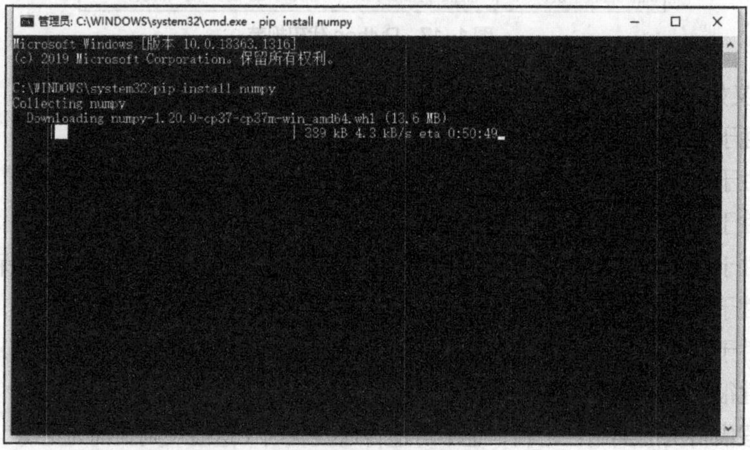


图 1-18 安装 NumPy 模块（库）

第二步：在 IDLE 界面新建文件，输入代码如下。

```
import numpy as np
arr = [1,2,3,4,5,6]
arr_mean = np.mean(arr)      #求均值
arr_var = np.var(arr)        #求方差
print(arr_mean)              #输出平均值
print(arr_var)               #输出方差
```

第三步：保存文件，单击 Run→Run Module，运行结果如图 1-19 所示。

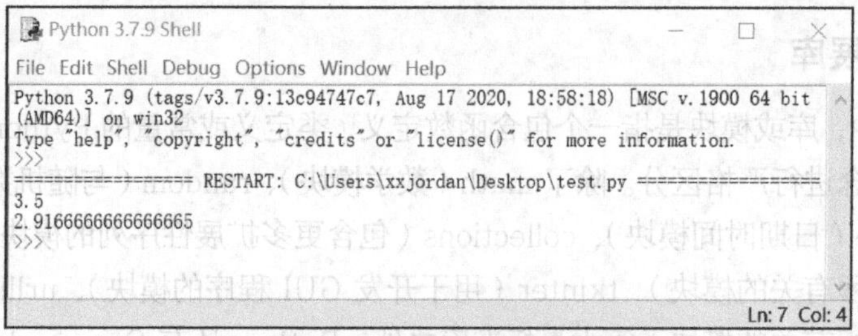
Python 3.7.9 Shell
File Edit Shell Debug Options Window Help
Python 3.7.9 (tags/v3.7.9:13c94747c7, Aug 17 2020, 18:58:18) [MSC v.1900 64 bit (AMD64)] on win32
Type "help", "copyright", "credits" or "license()" for more information.
>>>
======== RESTART: C:\Users\xxjordan\Desktop\test.py ========
3.5
2.9166666666666665
>>>
Ln: 7 Col: 4

图 1-19 计算平均值和方差的运行结果

## 1.4　项目实训——姓名生成器

### 1. 实验需求

从 last_name（姓）列表和 first_name（名）列表中随机抽取姓名，并输出。

### 2. 实验步骤

（1）安装第三方库：pip install numpy；
（2）建立随机的 first_name 列表；
（3）建立随机的 last_name 列表；
（4）使用 NumPy 库中的方法：random.choice（从列表中随机选取一个元素）；
（5）使用字符串拼接方式输出。

### 3. 代码实现

```
# 姓名生成器
import numpy
first_name = ["万里","大山","大海","宇","荞","强辉","汉夫","长江","君雄","平山","希亮","四光","铁生","绍祖"]
last_name = ["彭","高","谢","马","宏","林","黄","章","范","谭","朱","李","张"]
xing= numpy.random.choice(last_name)
ming= numpy.random.choice(first_name)
print("本次所生成的姓名为：",xing+ming)
```

输出结果如下。

```
本次所生成的姓名为： 李君雄
```

### 4. 代码分析

此项目的重点为认识 Python 的第三方库 NumPy，并能够熟练使用 Python 中的数据存储模型——列表。

## 本 章 小 结

本章首先介绍了 Python 的发展历史、版本和语言的特点，接着详细介绍了 Python 的环境安装和配置方法，以及常用的几种开发工具，最后对 Python 的编程规范和扩展库进行了阐述。初学者可以首先在 IDLE 环境下进行练习。

## 习　　题

### 一、选择题

1. 以下关于程序设计语言的描述，错误的选项是（　　）。

A. Python是一种脚本编程语言

B. 汇编语言是直接操作计算机硬件的编程语言

C. 程序设计语言的发展经历了机器语言、汇编语言、脚本语言3个阶段

D. 编译和解释的区别：是一次性翻译程序还是每次执行时都要翻译程序

2. 以下选项中说法不正确的是（　　）。

A. C语言是静态语言，Python是脚本语言

B. 编译是将源代码转换成目标代码的过程

C. 解释是将源代码逐条转换成目标代码同时逐条运行目标代码的过程

D. 静态语言采用解释方式执行，脚本语言采用编译方式执行

3. 以下不是Python特点的是（　　）。

A. 支持中文　　B. 平台无关　　C. 语法简洁　　D. 执行高效

4. IDLE环境的退出命令是（　　）。

A. esc()　　B. close()　　C. 回车键　　D. exit()

5. 关于import引用，以下选项中描述错误的是（　　）。

A. 使用“import turtle”引入turtle库

B. 可以使用“from turtle import setup”引入turtle库

C. 使用“import turtle as t”引入turtle库，命名为t

D. import保留字用于导入模块或者模块中的对象

## 二、上机实践

1. 下载安装Python 3.7.9的最新稳定版本。
2. 使用pip工具安装扩展库Pandas、Openpyxl和Pillow。
3. 下载并安装Anaconda 3。
4. 解释导入标准库与扩展库中对象的几种方法的区别。
5. 下载、安装和配置PyCharm。

# 第2章 Python基础语言应用

**本章导学**

在Python进行编程前，需要掌握Python的代码规范和命名规则，养成良好的编程习惯。在Python基础语言中，常见的数据类型包括整型、浮点型、布尔型和字符串，它们有不同的处理方法，数据也有常量和变量之分。为了对程序中的数据进行运算，我们可以将运算符连接起来构成各种各样的表达式。一个表达式就是一个算式，它将常量、变量、运算符、括号等能求得结果且有意义的内容组合在一起，完成运算并求解各类问题。

函数是指可重复使用的程序段，可实现特定的功能，在程序中可以通过调用函数提高代码的重复性，从而提高编程效率和程序的可读性。为了更好地使用函数，可以在调用函数时向函数内部传递参数。

一个完整的程序是数据结构+算法。Python 的数据结构类型有元组、列表、字符串、字典和集合。掌握数据结构的修改、排序、比较、查找等基本操作，可以更好地表示各种数据，解决相关问题。

通过本章的学习，读者能够快速掌握 Python 基础语言的特点和实际应用的技巧。

**学习目标**

（1）理解变量类型的动态性。

（2）掌握基本数据类型。

（3）掌握 Python 的基本语法。

（4）掌握 Python 运算符和表达式运算。

## 2.1 代码书写规范和命名规则

### 2.1.1 代码书写规范

（1）缩进：在 IDLE 开发环境中，一般以 4 个空格为基本缩进单位，缩进组合键为<Ctrl+]>，反缩进组合键为<Ctrl+[>。

（2）注释：为了提升代码的可读性，需要对代码进行解释和说明。注释可以注明作者和版权信息，对代码的用途做出解释，提高调试效率。一个可维护性和可读性强的程序一般会包含 30%以上的注释。

① 单行注释：在 Python 中，“#” 是单行注释的符号。符号 “#” 后面所有内容都是注释内容，直到换行为止。单行注释可以放在代码前一行，也可放在要注释的代码右侧。如：weight = float(input( “请输入您的体重:” )) # 要求输入身高，单位为千克，如 45。

② 多行注释：包含在一对三引号（'''……'''或者"""……"""）之间，不属于任何语句的内容被解释器认为是注释。

选择代码块，使用 Format = = >Comment Out Region/Uncomment Region 可快速注释或者解除注释的代码块。

（3）import：一个 import 语句只导入一个模块。

（4）空格：一般在函数的参数列表之间、逗号两侧、二元运算符两侧都需要用空格来隔开。在函数的参数列表中，默认值等号两边不添加空格，不要为了对齐赋值语句而使用额外的空格。而建议在不同功能的代码之间，不同的函数定义、不同的类定义之间增加一个空行以提升可读性。

（5）换行：使用反斜杠换行，二元运算符 “+.” 等应出现在行末；长字符串也可以用此法换行；复合语句中出现 if/for/while 时要换行。

（6）引号：简单地说，自然语言使用双引号，机器标识使用单引号。

### 2.1.2 命名规则

（1）模块：模块应尽量使用小写字母命名，首字母保持小写，尽量不要用下画线（除非是多个单词，且数量不多的情况）。

```
# 正确的模块名
import decoder
import html_parser
# 不推荐的模块名
import Decoder
```

（2）类名：类名有驼峰式命名法（首字母大写）和下画线式命名法（用一个下画线开头）。

```
class Farm():
    pass
class AnimalFarm(Farm):
    pass
class _PrivateFarm(Farm):
    pass
```

（3）函数：函数名一律小写，如有多个单词，可用下画线隔开。

```
def run():
    pass
def run_with_env():
    Pass
def _private_func():
    pass
```

（4）变量：变量名应尽量小写,如有多个单词，可用下画线隔开。

```
school_name = ''
```

（5）常量：常量采用全大写，如有多个单词，可用下画线隔开。

```
MAX_OVERFLOW = 100
```

## 2.2 常量与变量

常量是指值不能改变的量，例如，数字 3.0、字符串"Hello world."、元组（4,5,6），而变量一般是指值可以变化的量。在 Python 中，不需要事先声明变量名及其类型，赋值语句可以直接创建任意类型的变量，变量的值和类型都是可以发生改变的。例如，下面第一条语句创建了整型变量 x,并赋值为 5。

```
>>>x = 5
>>>type(x) #查看变量类型
```

输出结果：<class 'int'>

```
>>>type(x) == int
```

输出结果：True

赋值语句的执行过程：首先把等号右侧表达式的值计算出来，然后在内存中寻找一个位置把值存储进去，再创建变量并指向这个内存地址。Python 变量并不直接存储值，而是存储值的内存地址或者引用，这也是变量类型随时可以改变的原因。Python 是一种弱类型编程语言，Python 解释器会根据赋值运算符右侧表达式的值来自动推断变量类型。

在 Python 中定义变量名时，需要遵守下面的规范。

（1）变量名必须以字母、汉字或下画线开头。

（2）变量名中不能有空格或标点符号。

（3）不能使用关键字作为变量名，如 if、c、else、for、return，这样的变量名都是非法的。

（4）变量名对英文字母的大小写敏感，如 student 和 Student 是不同的变量。

不建议使用系统内置的模块名、类型名或函数名，以及已导入的模块名及其成员名作为变量名，如 id、max、len、list、min 等。

## 2.3 基础数据类型

### 2.3.1 整型

整型为不带小数点的数据类型，如 1、520，整型的数据对象不受数据位数的限制，只受可用内存大小的限制。

### 2.3.2 浮点型

浮点型数据如 1.0、5.8 或者 52.3E-4（其中 E 表示 10 的幂，表示 $52.3\times10^{-4}$）。

### 2.3.3 布尔型

布尔型数据是整型数据的子类型，其数据只有两个取值：True 和 False，分别对应整型数据的 1 和 0。每一个 Python 对象都有布尔值（True 或 False），因而可用于布尔测试（如用在 if 语句和 while 语句中）。

```
>>>int(True), int(2 < 1)
```

输出结果：(1, 0)

```
>>>(False + 100) / 2 - (True // 2)
```

输出结果：50

```
>>>print('%s, %d' % (bool('0'), False))
```

输出结果：True, 0

### 2.3.4 字符串

字符串就是一串字符的组合，可以使用单引号、双引号或三引号作为定界符来指定字符串。

```
>>>str1 = 'Hello world. '                    # 使用单引号作为定界符
>>>str2 = "Python is a great language."       # 使用双引号作为定界符
>>>str = '''Harrison said, "Let\'s go."'''    # 不同定界符之间可以互相嵌套
>>>print(str)
```

输出结果：Harrison said, "Let' s go".

```
>>>str3 = 'Good ' + 'morning!'# 连接字符串
>>>print(str3)
```

输出结果：Good morning!

### 2.3.5 数据类型的转换

为了使不同的数据类型共同发挥作用，我们常常需要转换数据类型。在程序中使用 type()函数可以输出参数的数据类型，得到各个变量的数据类型。Python 会自动把整型数据转换成浮点型数据，如将 2 转换为 2.0，但在将浮点型数据转换为整型数据时，原数据小数部分会被舍弃。上述规则总结为非复数转复数、非浮点型转浮点型、整型不变。

```
>>>1.0 + (5+2j) # 非复数转复数
```

运行结果：(6+2j)

```
>>>4 + 6.0 # 非浮点型转浮点型
```

运行结果：10.0

```
>>>4 + 6 # 整型不变
```

运行结果：10

整型、浮点型可以通过 str()函数转换为字符串，数字字符串也可以通过 int()、float()函数转换为对应的整型和浮点型。

```
>>>str(10) # 整型转字符串
```

运行结果：'10'

```
>>>str(0.5) # 浮点型转字符串
```

运行结果：'0.5'

```
>>>int('10') # 字符串转整型
```

运行结果：10

## 2.4 运算符和表达式

### 2.4.1 运算符

#### 1. 算术运算符

算术运算符如表 2-1 所示。

表 2-1　　算术运算符列表

| 运算符 | 描述 |
| --- | --- |
| + | 加：两个对象相加 |
| – | 减：得到负数或一个数减另一个数 |
| * | 乘：两个数相乘或返回一个被重复若干次的字符串 |
| / | 除：取两个数相除的结果 |
| % | 取模：返回两数相除的余数 |
| ** | 幂：x**y 表示返回 x 的 y 次幂 |
| // | 取整除：返回商的整数部分（向下取整） |

（1）"+" 运算符除了用于算术加法以外，还可以用于字符串的连接，但不支持不同类型的对象之间相加或连接。

```
>>>'abcd' + '1234' # 连接两个字符串
```

运行结果：'abcd1234'

```
>>>'A' + 1 # 不支持字符与数字相加，抛出异常
```

运行结果：Traceback (most recent call last):

（2）"*" 运算符除了表示算术乘法，还可用于字符串与整数的乘法，表示序列元素的重复，生成新的序列对象。

```
>>>'abc' * 3
```

运行结果：abcabcabc

（3）"/" 和 "//" 运算符在 Python 中分别表示算术除法和算术求整商。

```
>>>3/2
# 数学意义上的除法
```

运行结果：1.5

```
>>>15 // 4
# 如果两个操作数都是整数，则结果为整数
```

运行结果：3

```
>>>15.0//4
# 如果操作数中有实数，则结果为实数形式的整数值
```

运行结果：3.0

```
>>>-15//4
# 向下取整
```

运行结果：-4

（4）"%" 运算符可以用于整数或实数的求余数运算，还可以用于字符串格式化。

```
>>>789 % 23
# 求余数
```

运行结果：7

```
>>>123.45 % 3.2
# 可以对实数进行求余数运算，注意精度
```

运行结果：1.849999999999996

```
>>>'%c,%d'%(65,65)
# 把 65 分别格式化为字符串和整数
```
运行结果：A,65

```
>>>'%f,%s'%(65,65)
# 把 65 分别格式化为实数和字符串
```
运行结果：65.000000,65

（5）“**”运算符表示幂运算。

```
>>>3 ** 2
# 3 的 2 次方，等价于 pow(3,2)
```
运行结果：9

```
>>>9 ** 0.5
# 9 的 0.5 次方，即 9 的平方根
```
运行结果：3.0

```
>>>3 ** 2 ** 3
# 幂运算符从右往左计算
```
运行结果：6561

**2. 关系运算符**

Python 关系运算符（如表 2-2 所示）可以连用，要求操作数之间可比较大小。

表 2-2　关系运算符列表

| 运算符 | 描述 |
|---|---|
| == | 等于：比较两个对象是否相等 |
| != | 不等于：比较两个对象是否不相等 |
| <> | 不等于：比较两个对象是否不相等（在 Python 3 中已废弃） |
| > | 大于：x>y 返回 x 是否大于 y |
| < | 小于：x<y 返回 x 是否小于 y。所有比较运算符返回“1”表示真，返回“0”表示假（这分别与特殊的变量 True 和 False 等价） |
| >= | 大于等于：x>=y 返回 x 是否大于等于 y |
| <= | 小于等于：x<=y 返回 x 是否小于等于 y |

```
>>>1 < 3 < 5
# 等价于 1 < 3 并且 3 < 5
```
运行结果：True

```
>>>3 < 5 > 2
```
运行结果：True

```
>>>'Hello' > 'world'
# 比较字符串大小
```
运行结果：False

```
>>>'Hello' > 3
# 字符串和数字不能比较
TypeError: unorderable types: str()>int()
```

### 3. 赋值运算符

赋值运算符（如表 2-3 所示）用来把右侧的值传递给左侧的变量（或者常量）。可以直接将右侧的值交给左侧的变量，也可以把进行某些运算后得到的值交给左侧的变量，比如加减乘除、函数调用、逻辑运算等。

表 2-3　赋值运算符列表

| 运算符 | 描述 | 实例 |
|---|---|---|
| = | 简单的赋值运算符 | c = a + b 表示将 a + b 的运算结果赋值给 c |
| += | 加法赋值运算符 | c += a 等效于 c = c + a |
| −= | 减法赋值运算符 | c −= a 等效于 c = c − a |
| *= | 乘法赋值运算符 | c *= a 等效于 c = c * a |
| /= | 除法赋值运算符 | c /= a 等效于 c = c / a |
| %= | 取模赋值运算符 | c %= a 等效于 c = c % a |
| **= | 幂赋值运算符 | c **= a 等效于 c = c ** a |
| //= | 取整除赋值运算符 | c //= a 等效于 c = c // a |

```
>>>a = 1
>>>b = 2
>>>c = 0
>>>c+ = a
>>>print(c)
```

运行结果：1

```
>>>c// = b
>>>print(c)
```

运行结果：0

### 4. 逻辑运算符与位运算符

逻辑运算符"and""or""not"（如表 2-4 所示）常用来连接条件表达式，从而构成更加复杂的条件表达式，并且"and"和"or"具有惰性求值或逻辑短路的特点，即"连接多个表达式时只计算必须要计算的值"，前面介绍的关系运算符也具有类似的特点。

表 2-4　逻辑运算符列表

| 运算符 | 逻辑表达式 | 描述 |
|---|---|---|
| and | x and y | 布尔"与"：如果 x 为 False，则 x and y 返回 False；否则返回 y 的计算值 |
| or | x or y | 布尔"或"：如果 x 为非 0，则返回 x 的值；否则返回 y 的计算值 |
| not | not x | 布尔"非"：如果 x 为 True，则返回 False；如果 x 为 False，则返回 True |

```
>>>3>5 and a>3
# 注意，此时并没有定义变量 a
```

运行结果：False

```
>>>3>5 or a>3
# 3>5 的值为 False,所以需要计算后面表达式的值
```

运行结果：NameError: name 'a' is not defined

```
>>>3<5 or a>3
# 3<5 的值为 True,不需要计算后面表达式的值
```

运行结果：True

```
>>>3 and 5
# and 和 or 连接的表达式的值不一定是 True 或 False
```

运行结果：5

```
>>>3 and 5>2
# 把最后一个计算的表达式的值作为整个表达式的值
```

运行结果：True

```
>>>3 not in [1, 2, 3]
# 逻辑非运算符 not
```

运行结果：False

### 2.4.2 运算符优先级

在 Python 中使用运算符与表达式，单个常量或变量可以被看作是最简单的表达式，使用除赋值运算符之外的其他任意运算符连接的式子也属于表达式，表达式中还可以包含函数调用。常用的 Python 运算符如表 2-5 所示（表 2-5 列出了从最高到最低优先级的所有运算符），运算符优先级遵循的规则为：算术运算符优先级最高，其次是位运算符、成员测试运算符、关系运算符、逻辑运算符等，算术运算符遵循“先乘除，后加减”的基本运算原则，而相同优先级的运算符一般按从左到右的顺序计算，幂运算符除外。虽然 Python 运算符有一套严格的优先级规则，但是强烈建议读者在编写复杂表达式时使用圆括号来明确其中的逻辑，以提高代码的可读性。

表 2-5 运算符优先级

| 运算符 | 描述 |
| --- | --- |
| ** | 指数（最高优先级） |
| *, /, %, // | 乘，除，取模和取整除 |
| +, − | 加法、减法 |
| & | 位 'AND' |
| <=, <, >, >= | 比较运算符 |
| <>, = =, ! = | 等于运算符 |
| =, %=, /=, //=, −=, +=, *=, **= | 赋值运算符 |
| is, is not | 身份运算符 |
| in, not in | 成员运算符 |
| not, and, or | 逻辑运算符 |

## 2.5 项目实训——成绩单生成系统

**1. 实验需求**

通过键盘输入相应信息，并呈现出来。

### 2. 实验步骤

（1）需要用到 Python 的内置函数 input()；

（2）使用 input()输入函数，输入个人信息和成绩；

（3）通过 Python 的内置函数 print()输出信息。

### 3. 代码实现

```
# 成绩单生成系统
# input() 函数接受一个标准输入数据，返回 string 类型
username = input("请输入姓名：")
gender = input("请输入性别：")
place = input("请输入籍贯：")
nation = input("请输入民族：")
cards = input("请输入身份证号：")
chinese = input("请输入语文成绩：")
math = input("请输入数学成绩：")
eng = input("请输入英语成绩：")

print("-" * 30)
print("          成绩证书 ")
print(" 姓名：%s        性别：%s " % (username, gender))
print(" 籍贯：%s        民族：%s " % (place, nation))
print(" 身份证号：%s" % cards)
print(" 科目              分数")
print(" 语文               %s" % int(chinese))
print(" 数学               %s" % int(math))
print(" 英语               %s" % int(eng))
print(" 总分               %s" % (int(chinese)+int(math)+int(eng)))
print("-" * 30)
```

输出结果如下。

```
请输入姓名：中慧
请输入性别：男
请输入籍贯：四川成都
请输入民族：汉
请输入身份证号：213421198702047765
请输入语文成绩：78
请输入数学成绩：98
请输入英语成绩：89
******************************
          成绩证书
 姓名：中慧        性别：男
 籍贯：四川成都    民族：汉
 身份证号：213421198702047765
 科目          分数
 语文           78
 数学           98
```

英语　　　89
总分　　　265
**********************************

### 4. 代码分析

在本项目中，重点使用 Python 的两个内置函数：input()和 print()，并熟练使用格式化输出信息。

## 本章小结

本章主要介绍了 Python 内置函数的基本使用方法和常用的运算符。Python 主要的内置对象包括数字、序列、集合、字典，其中常用的序列为字符串、列表和元组，练习时需要掌握内置对象的特点和基本操作，使用时需要注意不同数据类型的特点和相互转换的方法，从而灵活运用。常用的运算符包括算术运算符、比较（关系）运算符、赋值运算符，使用这些运算符时需要注意不同运算符的优先级。常用的内置函数包括数据类型的转换与判断、最值与求和函数、基本的输入/输出函数、排序函数等。内置函数不需要额外导入任何模块即可直接使用，具有非常快的运行速度，因此，我们推荐使用内置函数实现函数的功能。

Python 3 所有的数据类型均采用类来实现，使用时应注意采用面向对象的方法实现程序设计，所有的数据都为对象，可通过调用类对象来创建相应的实例对象，从而实现程序的便捷开发。

## 习　题

### 一、选择题

1. Python 标准库 math 中用来计算平方根的函数是（　　）。
   A. sqrt()　　B. pow()　　C. exp()　　D. expml()
2. 在 Python 中（　　）表示空类型。
   A. Nothing　　B. None　　C. No　　D. Without
3. 查看变量内存地址的 Python 内置函数是（　　）。
   A. id()　　B. locals()　　C. set()　　D. ord()
4. 表达式 3 // 5 的值为（　　）。
   A. 3　　B. 5　　C. 3/5　　D. 0

### 二、判断题

1. 已知 x = 3，那么赋值语句 x = 'abcedfg'是无法正常执行的。（　　）
2. 0012f 是合法的八进制数字。（　　）
3. x = 9999*0999 这样的语句在 Python 中无法运行，因为数字太大超出了整型的表示范围。（　　）
4. Python 变量使用前必须先声明，并且一旦声明就不能在当前作用域内改变其类型了。（　　）

# 第3章 Python序列结构

**本章导学**

前面已经讲述了 Python 的简单数据类型，除此之外，Python 中还包含组合数据类型，包括字符串、元组、列表、字典、集合，组合数据类型的对象是一个数据的容器，可以包含多个有序和无序的数据项。

**学习目标**

（1）理解 Python 序列结构的分类。
（2）掌握字符串格式化处理。
（3）掌握字符串常用方法和运算符。
（4）掌握列表的常用操作。
（5）掌握元组的常用操作。
（6）理解字典和集合的概念。
（7）掌握字典和集合的常用操作。

## 3.1 Python 序列结构分类

Python 中按照序列是否有序可分为有序序列和无序序列。有序序列包括字符串、元组、列表；无序序列包括字典和集合。按照序列是否可变可以分为不可变序列和可变序列，字符串和元组属于不可变序列，其中的数据不允许修改，列表、字典和集合属于可变序列，用户可以根据自己的需求进行修改，具体的分类如图 3-1 所示。

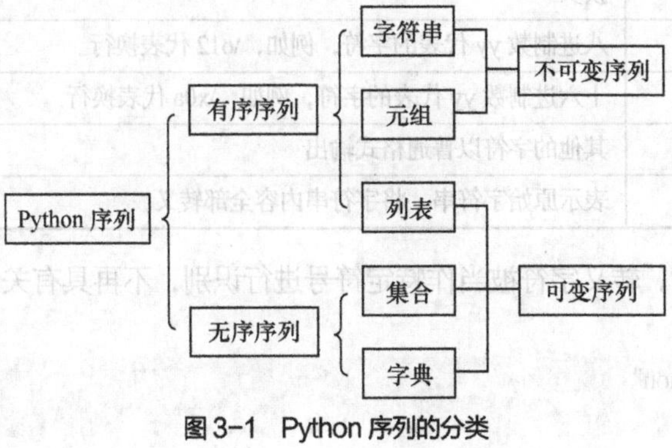


图 3-1　Python 序列的分类

## 3.2 字符串

### 3.2.1 字符串简介

字符串的意思就是“一串字符”，在 Python 中字符串必须用引号引起来，里面可以包括任何字符，使用单引号或双引号定界，字符串两边的引号需要配对使用，Python 中的字符串定义如下。

```
str1 = "Python test"
str2 = "Python'test2' Python "
print(str1)
print(str2)
```

运行结果如下。

```
Python test
Python'test2' Python
```

我们在使用 Python 中的 print()函数时，经常需要输入一些特殊的字符，但是由于是字符串，因此，有些特殊的字符不能被识别，此时就需要使用转义字符，常用的转义字符如表 3-1 所示。

表 3-1 常用的转义字符列表

| 转义字符 | 含义 |
|---|---|
| \在行尾时 | 续行符 |
| \\ | 输出反斜杠 |
| \' | 输出单引号 |
| \" | 输出双引号 |
| \b | 退格（看不到效果，是一个问号） |
| \e | 打印\e |
| \000 | 空 |
| \n | 换行 |
| \v | 纵向制表符 |
| \t | 横向制表符 |
| \r | 回车 |
| \f | 换页 |
| \oyy | 八进制数 yy 代表的字符，例如，\o12 代表换行 |
| \xyy | 十六进制数 yy 代表的字符，例如，\x0a 代表换行 |
| \other | 其他的字符以普通格式输出 |
| 字符串头加“r” | 表示原始字符串，将字符串内容全部转义 |

当使用转义字符时，转义字符被当作特定符号进行识别，不再具有关键字等功能，相关练习如下。

```
str1 = "Python \nPython"
print(str1)
```

运行结果如下。

Python
Python

```
str = "Python \""
print(str)
```

运行结果：Python "

### 3.2.2 字符串格式化

字符串的格式化是为了方便字符串的拼接和显示。为了简化 Python 代码并减少创建多个字符串时占用的内存空间，选择使用字符串格式化。Python 字符串的格式化处理的目的主要是将变量（对象）的值填充到字符串中，在字符串中解析 Python 表达式，对字符串进行格式化显示（左对齐、右对齐、居中对齐，保留数字有效位数）。常用的字符串格式化的方式包括%、format、f-Strings、标准库模板 4 种。

#### 1. %格式化

%格式化字符串的方式从 Python 诞生之初就已经存在，是一种最基本的字符串格式化的方法。在 Python 中，常用的%格式化方式和 C 语言是一致的，介绍如下。

（1）整数的输出

%o：采用 oct 八进制输出。

%d：采用 dec 十进制输出。

%x：采用 hex 十六进制输出。

相关练习如下所示。

```
>>>print('%d' % 20)
```

输出结果：20

（2）浮点数输出

① %f：保留小数点后 6 位有效数字。

如：%.3f，保留 3 位小数。

② %e：保留小数点后 6 位有效数字，以指数形式输出。

如：%.3e，保留 3 位小数，使用科学计数法。

③ %g：在保证 6 位有效数字的前提下，使用小数方式；否则使用科学计数法。

如：%.3g，保留 3 位有效数字，使用小数或科学计数法。

相关练习如下。

```
>>>print('%f' % 1.11)  # 默认保留 6 位小数
```

运行结果：1.110000

```
>>>print('%.1f' % 1.11)  # 取 1 位小数
```

运行结果：1.1

```
>>>print('%e' % 1.11)  # 默认 6 位小数，用科学计数法
```

运行结果：1.110000e+00

```
>>>print('%.3e' % 1.11)  # 取 3 位小数，用科学计数法
```

运行结果：1.110e+00

（3）字符串输出

① %10s：右对齐，占位符 10 位。

② %-10s：左对齐，占位符 10 位。

③ %.2s：截取 2 位字符串。

④ %10.2s：10 位占位符，截取 2 位字符串。

相关练习如下。

```
>>>print('%s' % 'hello world')   # 字符串输出
```

运行结果：hello world

```
>>>print('%20s' % 'hello world')   # 右对齐，取 20 位，不够则补位
```

运行结果：hello world

```
>>>print('%-20s' % 'hello world')   # 左对齐，取 20 位，不够则补位
```

运行结果：hello world

```
>>>print('%.2s' % 'hello world')   # 取 2 位
```

运行结果：he

字符串的格式较多，需要根据实际情况灵活使用，常用的字符串格式如表 3-2 所示。

表 3-2　字符串格式列表

| 转换说明符 | 解释 |
|---|---|
| %d、%i | 转换为带符号的十进制整数 |
| %o | 转换为带符号的八进制整数 |
| %x、%X | 转换为带符号的十六进制整数 |
| %e | 转换为科学计数法表示的浮点数（e 小写） |
| %E | 转换为科学计数法表示的浮点数（E 大写） |
| %f、%F | 转换为十进制浮点数 |
| %g | 智能选择使用%f 或%e 格式 |
| %G | 智能选择使用%F 或%E 格式 |
| %c | 格式化字符及其 ASCII 码 |
| %r | 使用 repr()函数将表达式转换为字符串 |
| %s | 使用 str()函数将表达式转换为字符串 |

## 2. format 格式化

相对基本格式化输出采用“%”的方法，format()功能更强大，该函数把字符串当成一个模板，通过传入的参数进行格式化，并且使用“{}”作为特殊字符代替“%”，在编写程序时推荐使用此方式进行字符串格式化。

（1）位置匹配

① 不带编号，即“{}”。

② 带数字编号，可调换顺序，如“{1}”“{2}”。

③ 带关键字，如“{a}”“{tom}”。

相关练习如下。

```
>>>print('{} {}'.format('hello','world'))   # 不带字段
```

运行结果：hello world

```
>>>print('{0} {1}'.format('hello','world'))  # 带数字编号
```

运行结果：hello world

```
>>>print('{0} {1} {0}'.format('hello','world'))  # 打乱顺序
```

运行结果：hello world hello

```
>>>print('{a} {tom} {a}'.format(tom = 'hello',a = 'world'))  # 带关键字
```

运行结果：world hello world

（2）格式转换

① 'b'：二进制。以 2 为基数将数字输出。

② 'c'：字符。在输出之前将整数转换成对应的 Unicode 字符串。

③ 'd'：十进制整数。以 10 为基数将数字输出。

④ 'o'：八进制。以 8 为基数将数字输出。

⑤ 'x'：十六进制。以 16 为基数将数字输出，9 以上的位数用小写字母表示。

⑥ 'e'：幂符号。用科学计数法输出数字。用'e'表示幂。

⑦ 'g'：一般格式。将数值以 fixed-point 格式输出。当数值特别大时，以幂形式输出。

⑧ 'n'：数字。当值为整数时作用和'd'相同，值为浮点数时作用和'g'相同。不同的是它会根据区域设置插入数字分隔符。

⑨ '%'：百分数。将数值乘以 100 然后以 fixed-point('f')格式输出，值后面会有 1 个百分号。

相关练习如下。

```
>>>print('{0: b}'.format(3))
```

运行结果：11

```
>>>print('{: d}'.format(20))
```

运行结果：20

```
>>>print('{: o}'.format(20))
```

运行结果：24

```
>>>print('{: x}'.format(20))
```

运行结果：14

（3）左、中、右对齐及位数补全

① "<"（默认）表示左对齐、">"表示右对齐、"^"表示中间对齐、"="表示（只用于数字）在小数点后补齐。

② 取位数"{: 4s}""{: .2f}"等。

相关练习如下。

```
>>>print('{} and {}'.format('hello','world'))  # 默认左对齐
```

运行结果：hello and world

```
>>>print('{: 10s} and {: >10s}'.format('hello','world'))  # 取 10 位左对齐，取 10 位右对齐
```

运行结果：hello      and      world

```
>>>print('{} is {: .2f}'.format(1.123,1.123))  # 取 2 位小数
```

运行结果：1.123 is 1.12

```
>>>print('{0} is {0: >10.2f}'.format(1.123))  # 取 2 位小数，右对齐，取 10 位
```

运行结果：1.123 is       1.12

```
>>>print('{: *^30}'.format('centered'))
```

运行结果：***********centered***********

### 3. f-Strings 格式化

f-Strings 是 Python 3.6 开始加入标准库的格式化输出的新写法，这个格式化输出比%s 或者format()效率高，并且更加简化，更加好用。

（1）示例

f-Strings 的结构形式是 F(f)+ str，在字符串中用{}占位想替换的位置，与 format()类似，但是 format()用在字符串后面写入替换的内容，而 f-Strings 可以直接识别，相关练习如下。

```
name = '小王'
age = 18
sex = '男'
msg = F'姓名：{name},年龄：{age}，性别：{sex}'  # F 或 f 都可以
print(msg)
```

输出结果如下。

姓名：小王，年龄：18，性别：男

（2）多行 f 使用

```
name = '小王'
age = 18
speaker = f'Hi {name}.'\
          f'You are {age} years old.'
print(speaker)
```

输出结果：Hi 小王.You are 18 years old.

（3）任意表达式

f-Strings 可以加任意的表达式，非常方便，相关练习如下。

```
print(f'{3*21}')  # 63
```

输出结果：63

```
name = 'hsp'
print(f" {name.upper()}")  # 全部大写
```

输出结果：HSP

### 4. 标准库模板

string.Template 将一个 string 设置为模板，通过字典替换变量的方法，最终得到用户想要的字符串。一般在需要处理由用户提供的输入内容时使用模板字符串 Template，这样可以降低复杂性。相关练习如下。

```
from string import Template
name = 'Python'
t = Template('Hello $s!')
res = t.substitute(s = name)
print(res)
```

输出结果：Hello Python!

## 3.2.3 字符串常用方法

字符串操作是 Python 中常用的操作，在 Python 中处理字符串使用的是面向对象的方法，即

把字符串看成一个对象，使用字符串对象的方法进行各种操作，字符串的基本用法可以分为性质判定、查找与替换、分切与连接、变形、删减与填充五类。

### 1. 性质判定

字符串的性质判定就是判断字符串的内容，具体的方法如表 3-3 所示，相关练习如下。

```
str = "Python"
print(str.isalnum())
```

输出结果：True

```
str = "Python"
print(str.startswith('p'))# 检查 str 是否以 p 开头
```

输出结果：True

```
str = "Python"
print(str.startswith('t',2,5)) # 检查 str 的第 2 位到第 5 位是否包括 t
```

输出结果：True

表 3-3　字符串性质判定方法列表

| 方法名 | 功能描述 |
|---|---|
| isalnum() | 是否全是字母和数字，并至少有一个字符 |
| isalpha() | 是否全是字母，并至少有一个字符 |
| isdigit() | 是否全是数字，并至少有一个字符 |
| islower() | 字符串中字母是否全是小写 |
| isupper() | 字符串中字母是否全是大写 |
| isspace() | 是否全是空白字符，并至少有一个字符 |
| istitle() | 判断字符串中的每个单词是否都有且只有第一个字母是大写 |
| startswith(prefix[,start[,end]]) | 用于检查字符串是否以指定子字符串 prefix 开头，如果是，则返回 True；否则返回 False。如果参数 "start" 和 "end" 是指定值，则在指定范围内检查 |
| endswith(suffix[,start[,end]]) | 用于判断字符串是否以指定后缀 suffix 结尾，如果是，则返回 True；否则返回 False。可选参数 "start" 与 "end" 为检索字符串的开始与结束位置 |

### 2. 查找与替换

字符串查找与替换是经常用到的字符串操作，表 3-4 中的前 5 个方法都可以接受 start、end 参数，也可以省略，"[]" 代表可选的含义，具体的方法描述如表 3-4 所示，相关练习如下。

```
>>>str1 = "hello world!"
>>>str1.find('wo')
```

输出结果：6

```
>>>str1.find('m')
```

输出结果：-1

```
>>>str1 = "hello world!"
>>>str1.index('w')
```

输出结果：6

```
>>>str1.index('w',1,5)
```

输出结果：ValueError: substring not found

表 3-4　字符串查找与替换方法列表

| 方法名 | 功能描述 |
|---|---|
| count(sub[,start[,end]]) | 统计字符串中某个子字符串 sub 出现的次数。可选参数为字符串搜索的开始与结束位置。这个数值在调用 replace()方法时会用到 |
| find(sub[,start[,end]]) | 检测字符串中是否包含子字符串 sub，如果指定 start（开始）和 end（结束）范围，则检查子字符串 sub 是否包含在指定范围内，如果包含子字符串返回开始的索引值，则返回-1 |
| index(sub[,start[,end]]) | 与 find()方法一样，但如果 sub 不在 string 中，则会抛出 ValueError 异常 |
| rfind(sub[,start[,end]]) | 类似于 find()方法，但该方法从右边开始查找 |
| rindex(sub[,start[,end]]) | 类似于 index()，但该方法从右边开始查找 |
| replace(old,new[,count]) | 用来替换字符串的某些子串，用 new 替换 old。如果指定 count 参数，则最多替换 count 次，如果不指定 count 参数，则全部替换 |

### 3. 分切与连接

字符串分切就是将一个字符串分成几个片段，字符串连接就是将几个字符串合并成一个字符串，具体的方法如表 3-5 所示，相关练习如下。

```
>>>s = 'abcdefghijklmn'
>>>s[0: 4]  # 包括起始值（元素）不包括结束值，默认步进值为 1
```

输出结果：'abcd'

```
>>>t = 'I love you more than I can say'
>>>t.split(' ')  # 按空格分切
```

输出结果：['I', 'love', 'you', 'more', 'than', 'I', 'can', 'say']

```
>>>s = 'hello'+'world'  # 用加号连接
>>>print(s)
```

输出结果：helloworld

```
>>>a = 'world'  # 用 join 连接
>>>s = '*'.join(a)
>>>print(s)
```

输出结果：w*o*r*l*d

表 3-5　字符串分切与连接方法列表

| 方法名 | 功能描述 |
|---|---|
| partition(sep) | 用来根据指定的分隔符将字符串进行分割，如果字符串包含指定的分隔符 sep，则返回一个三元的元组：第一个为分隔符左边的子串，第二个为分隔符本身，第三个为分隔符右边的子串。如果 sep 没有出现在字符串中，则返回值为(sep,",") |
| rpartition(sep) | 类似于 partition()方法，但该方法从右边开始查找 |
| splitness([keepends]) | 按照行('\r','\r\n', \n')分隔，返回一个包含各行作为元素的列表，如果参数 keepends 为 False，则不保留换行符；如果为 True，则保留换行符 |
| split(sep[,maxsplit]]) | 通过指定分隔符对字符串进行切片，如果参数 maxsplit 有指定值，则仅分隔 maxsplit 个子字符串，返回分割后的字符串列表 |
| rsplit(sep[,maxsplit]]) | 同 split()，但该方法从右边开始查找 |
| join() | 将列表或元组众多的字符串合并成一个字符串 |

### 4. 变形

我们可以对字符串进行字母大小写转换等操作，以上方法都可进行大小写切换，但是用途不同，需要在实际应用中灵活运用，具体方法如表 3-6 所示，相关练习如下。

```
>>>s = "hello world"
>>>print(s.upper())
```

输出结果：HELLO WORLD

```
>>>print(s.title())
```

输出结果：Hello World

```
>>>print(s.capitalize())
```

输出结果：Hello world

表 3-6 字符串变形方法列表

| 方法名 | 功能描述 |
|---|---|
| lower() | 将字符串中所有大写字母转换为小写字母 |
| upper() | 将字符串中的小写字母转换为大写字母 |
| capitalize() | 将字符串的第一个字母转换为大写字母，其他字母转换为小写字母 |
| swapcase() | 用于对字符串的大小写字母进行转换：将大写字母转换为小写字母，小写字母转换为大写字母 |
| title() | 返回“标题化”的字符串，就是说所有单词都是以大写开始，其余字母均为小写 |

### 5. 删减与填充

当需要按照指定的统一格式处理字符串时，需要用到字符串的删减与填充操作，具体方法如表 3-7 所示，相关练习如下。

```
>>>s = ' ---anj123kks+++ '
>>>s.strip() # 删除两边的空白
```

输出结果：'---anj123kks+++'

```
>>>s.strip().strip('-+')  # 删除两边的空白和‘- +’字符
```

输出结果：'anj123kks'

表 3-7 字符串删减与填充方法列表

| 方法名 | 功能描述 |
|---|---|
| strip([chars]) | 用于移除字符串头尾指定的字符（默认为空格），如果有多个字符，就删除多个字符 |
| lstrip([chars]) | 用于截掉字符串左边的空格或指定字符 |
| rstrip([chars]) | 用于截掉字符串右边的空格或指定字符 |
| center(width[,fillchar]) | 返回一个原字符串居中，并使用 fillchar 填充至长度为 width 的新字符串。默认填充字符为空格。如果指定的长度小于原字符串的长度，则返回原字符串 |
| ljust (width[,fillchar]) | 返回一个原字符串左对齐，并使用 fillchar 填充至指定长度的新字符串，默认填充字符为空格。如果指定的长度小于原字符串的长度，则返回原字符串 |
| rjust(width[,fillchar]) | 返回一个原字符串右对齐，并使用 fillchar 填充至长度为 width 的新字符串，默认填充字符为空格。如果指定的长度小于字符串的长度，则返回原字符串 |
| zfill(width) | 返回指定长度的字符串，原字符串右对齐，前面填充 0 |

### 3.2.4　字符串运算符

（1）+：连接左右两端的字符串。

（2）*：重复输出字符串。

（3）[ ]：通过索引获取字符串中的值。

（4）[start：stop：step]：开始，结束位置的后一个位置，步长。

（5）in：判断左端的字符是否在右面的序列中。

（6）not in：判断左端的字符是否不在右面的序列中。

（7）r/R：在字符串开头使用，使转义字符失效。

相关练习如下。

```
# 字符串使用 +
strs = "hello " + "world."
print(strs)
```

输出结果：hello world。

```
# 字符串使用 *
strs = 'abc '
# 数字在哪一端都可以
print(3*strs)
```

输出结果：abc abc abc

```
print(strs * 3)
```

输出结果：abc abc abc

```
# 使用索引下标
strs = "hello world."
print(strs[4])
```

输出结果：o

```
print(strs[7])
```

输出结果：o

```
# 切片操作，左闭右开原则
strs = "hello world."
# 将字符串倒序输出
print(strs[: : -1])
```

输出结果：.dlrow olleh

```
print(strs[6: 11: ])
```

输出结果：world

```
strs = "ABCDEFG"
print("D" in strs)
```

输出结果：True

```
print("L" in strs)
```

输出结果：False

```
print("D" not in strs)
```

输出结果：False

```
print("L" not in strs)
```

输出结果：True

```
# 使用 r 使字符串中的转义字符失效
print('a\tb')
```

输出结果：a　　b

```
print(r'a\tb')
```

输出结果：a\tb

### 3.2.5　项目实训——统计字符串中数字和字母的个数

**1. 实验需求**

统计输入的字符串中的数字和字母的个数。

**2. 实验步骤**

（1）使用 Python 的内置函数 input()，输入字符串；

（2）建立字典格式的存储模型：包含文字、整数、空格和其他类型的数据；

（3）根据 Python 分支语句（if 语句）和循环语句（for 语句）获取文字、整数、空格和其他字符，统计个数并输出。

**3. 代码实现**

```
s = input('请输入字符串：')
dic = {'letter': 0,'integer': 0,'space': 0,'other': 0}
for i in s:
    if i >'a' and i<'z' or i>'A' and i<'Z' : # 比较 ASCII 码值
        dic['letter'] + = 1
    elif i in '0123456789':
        dic['integer'] + = 1
    elif i =   = ' ':
        dic['space'] + = 1
    else:
        dic['other'] + = 1
print('统计字符串：',s)
print(dic)
```

输出结果如下。

```
请输入字符串：knowledge is power
统计字符串：knowledge is power
{'letter': 16, 'integer': 0, 'space': 2, 'other': 0}
```

**4. 代码分析**

此项目用到了前置内容 if 分支语句、for 循环语句和字典，对输入的字符串依次进行判断，并将判断的结果以计数的方式存入字典中，最后输出结果。

## 3.3　元组

元组为不可变序列，它可以存放任意类型的对象（包括可变序列），元组中的可变序列是可变的，但是元组内部元素的 id 不变。

## 3.3.1 元组的概念

Python 的元组与列表类似，但是元组的元素不能修改，元组使用圆括号包含元素，而列表使用方括号包含元素。在创建元组时只需要在圆括号中添加元素，并使用逗号分隔即可，元组为不可变序列，不能修改，只能查询。

我们可以把元组看作是轻量级列表或者简化版列表，元组具有与列表类似的操作，但功能不如列表强大。在形式上，元组的所有元素放在一对圆括号中，元素之间使用逗号分隔，如果元组中只有一个元素，也必须在最后增加一个逗号，相关练习如下。

```
t = (1,2.3,True,'star')      # 集合中可以存放不同数据类型的数据
print(t)
print(type(t))      # 输出数据类型
```

输出结果如下。

```
(1, 2.3, True, 'star')
<class 'tuple'>
```

```
t2 = (1,)      # 元组中如果只有一个元素，后面也要加逗号，否则数据类型不确定
print(type(t2))
```

输出结果：<class 'tuple'>

```
t3 = (1)
print(type(t3))
```

输出结果：<class 'int'>

## 3.3.2 元组的常用操作

### 1. 元组的赋值

使用元组进行赋值时，可以单个变量赋值，也可以多个变量一起赋值，有多少个元素，就用多少个变量接收，相关练习如下。

```
t = ('westos',11,100)
name = t[0]
print(name)
```

运行结果：westos

```
t = ('westos',11,100)
name,age,score = t
print(name,age,score)
```

运行结果：westos 11 100

### 2. 元组排序

sorted()函数对所有可迭代的对象进行排序，默认是升序排序，sorted()函数功能非常强大，可以根据实际需求设置其参数，语法如下。

```
sorted(iterable, cmp = None, key = None, reverse = False)
```

参数说明如下。

（1）iterable：可迭代对象。

（2）cmp：比较函数，具有两个参数（参数 1，参数 2），参数的值都是从可迭代对象中取出的，此函数必须遵守的规则为：如果参数 1 大于参数 2，则返回 1；如果参数 1 小于参数 2，则返回-1；如果参数 1 等于参数 2，则返回 0。

（3）key：主要是用来进行比较的元素，只有一个参数，具体的函数的参数取自可迭代对象，指定可迭代对象中的一个元素来进行排序。

（4）reverse：排序规则，reverse = True 表示降序，reverse = False 表示升序（默认）。

```
score = (100,89,45,78,65)
scores = sorted(score)
print(scores)
```

运行结果：[45, 65, 78, 89, 100]

```
score = (100,89,45,78,65)
scores = sorted(score,reverse = True)
print(scores)
```

运行结果：[100, 89, 78, 65, 45]

```
students = [('john', 'A', 11), ('jane', 'B', 12), ('dave', 'B', 10)]
students2 = sorted(students, key = lambda s: s[2])    # 按年龄排序
print(students2)
```

运行结果：[('dave', 'B', 10), ('john', 'A', 11), ('jane', 'B', 12)]

### 3. 索引、统计次数

```
t = (1,2.3,True,'westos','westos')
print(t.count('westos'))      # 出现次数
print(t.index(2.3))      # 索引
```

输出结果：

```
2
1
```

### 4. 数据组合成元组

```
name = 'westos'
age = 11
t = (name,age)
print('name: %s , age: %d' %(name,age))
print('name: %s , age: %d' %t)
```

输出结果：

```
name: westos , age: 11
name: westos , age: 11
```

## 3.3.3　项目实训——菜单生成器

### 1. 实验需求

通过输入的菜品和价格输出特定格式的菜单。

**2. 实验步骤**

（1）使用 Python 的内置函数 input()，输入菜品和价格；

（2）通过元组的自动组包特性，提取菜品和价格信息；

（3）将提取到的菜品和价格，通过格式化输出的方式，以特定的格式输出。

**3. 代码实现**

```
# 菜单生成器
print("输入菜单的菜品、价格的格式如：红烧肉，28")
menu1 = input("请输入菜品、价格：")
menu2 = input("请输入菜品、价格：")
menu3 = input("请输入菜品、价格：")
ind1 = tuple(menu1.split("，"))
ind2 = tuple(menu2.split("，"))
ind3 = tuple(menu3.split("，"))
print("".center(27,'-'))
# chr(12288) 处理中文填充一致问题
print("|{: ^10}\t{: ^8} |".format("菜品","价格",chr(12288)))
print("|{: ^10}\t{: ^10}|".format(ind1[0],ind1[1],chr(12288)))
print("|{: ^10}\t{: ^10}|".format(ind2[0],ind2[1],chr(12288)))
print("|{: ^10}\t{: ^10}|".format(ind3[0],ind3[1],chr(12288)))
print("|{: ^10}\t{: ^10}|".format("总价",int(ind1[1])+int(ind2[1])+int(ind3[1]),chr(12288)))
print("".center(27,'-'))
```

输出结果如下。

```
输入菜单的菜品、价格的格式如：红烧肉，28
请输入菜品、价格：佛跳墙，289
请输入菜品、价格：小鸡炖蘑菇，86
请输入菜品、价格：青椒肉丝，28
---------------------------
|    菜品        价格  |
|   佛跳墙        289    |
|  小鸡炖蘑菇      86    |
|   青椒肉丝       28    |
|    总价        403    |
---------------------------
```

**4. 代码分析**

此项目通过将输入的数据组合成元组，再利用格式化输出函数 format()输出菜单内容。

## 3.4 列表

列表是最常用的 Python 数据类型，列表中的数据项不需要具有相同的类型，可以进行索引、切片、加、乘、检查成员等操作。

## 3.4.1 列表的创建

```
>>>a = [] # 创建空列表
>>>print(a)
```

输出结果：[]

```
>>>color = ['red', 'green', 'blue'] # 创建一个列表
>>>print(color)
```

输出结果：['red', 'green', 'blue']

```
>>>print(color[0])  # 下标从 0 开始
```

输出结果：red

```
>>>print(color[-1])  # 输出最后一个元素
```

输出结果：blue

## 3.4.2 列表的常用操作

### 1. 访问列表中的值

列表操作中一般使用下标索引来访问列表中的值，也可以使用方括号截取字符，如下。

```
list1 = ['physics', 'chemistry', 1997, 2000]
print(list1[0])
print(list1[1: 3])
```

输出结果如下。

```
physics
['chemistry', 1997]
```

### 2. 更新列表

对列表的数据项进行修改或更新，需要使用 append()方法来添加列表项，如下。

```
list = []                          # 空列表
list.append('Python')              # 使用 append() 添加元素
list.append('java')
print(list)
```

输出结果：['Python', 'java']

```
list = [1,2,3,4,5]
list1 = list.copy()                # 拷贝内容
list2 = list                       # 以镜像方式映射
print(list1)
print(list2)
list.append('Python')              # 当原数据 list 变化
print(list1)                       # list1 是独立的列表，不变化
print(list2)                       # list2 是镜像，跟着变化
```

输出结果如下。

```
[1, 2, 3, 4, 5]
[1, 2, 3, 4, 5]
[1, 2, 3, 4, 5]
[1, 2, 3, 4, 5, 'Python']
```

### 3. 删除列表元素

我们可以使用 del 语句、pop()方法、remove()方法来删除列表中的元素，但是它们各自拥有不同的特点。其中 del 语句根据列表元素的位置删除元素；remove()方法可根据值的内容删除元素，当不知道所要删除元素在列表中的位置时，可用 remove()方法，需要注意的是 remove()所删除的元素是列表中第一个配对的值；pop()方法根据指定要删除元素的索引进行删除，并返回删除的内容，当括号内为空时，则删除该列表最后一个元素并将其返回。相关练习如下。

```
list1 = ['physics', 'chemistry', 1997, 2000]
del list1[2]   # del 语句
print(list1)
```

输出结果：['physics', 'chemistry', 2000]

```
list1 = ['physics', 'chemistry', 1997, 2000]
list1.remove(1997)       # remove()方法
print(list1)
```

输出结果：['physics', 'chemistry', 2000]

```
list1 = ['physics', 'chemistry', 1997, 2000]
list1.pop(1)
print(list1)
```

输出结果：['physics', 1997, 2000]

```
list1 = ['physics', 'chemistry', 1997, 2000]
a = list1.pop()      # 删除最后一个元素并将其返回
print(a)
```

输出结果：2000

### 4. Python 列表操作符

列表对“+”和“*”的操作与字符串相似。“+”用于组合列表，“*”用于重复列表，具体功能如表 3-8 所示。

表 3-8　　Python 列表操作符列表

| Python 表达式 | 结果 | 描述 |
|---|---|---|
| len([1, 2, 3]) | 3 | 判断长度 |
| [1, 2, 3] + [4, 5, 6] | [1, 2, 3, 4, 5, 6] | 组合 |
| ['Hi!'] * 4 | ['Hi!', 'Hi!', 'Hi!', 'Hi!'] | 重复 |
| 3 in [1, 2, 3] | True | 判断元素是否存在于列表中 |

## 3.4.3 列表的函数与方法

### 1. 列表的常用函数

Python 3 中列表的常用函数如表 3-9 所示，通过函数可以实现列表长度的判断，查找最大值、最小值等操作，相关练习如下。

```
>>>list = [1,2,15,6,20]
>>>print(len(list))
```

输出结果：5

```
>>>print(max(list))
```

输出结果：20

```
>>>print(min(list))
```

输出结果：1

表 3-9 列表的常用函数

| 名称 | 功能描述 |
|---|---|
| len(list) | 列表元素个数 |
| max(list) | 返回列表元素最大值 |
| min(list) | 返回列表元素最小值 |
| list(seq) | 将元组转换为列表 |

**2. 列表的常用方法**

Python 3 中的列表的常用方法如表 3-10 所示，通过将列表作为一个对象进行操作，相关练习如下。

```
a = [1,2,3,4]
a.append(5)
print(a)
```

输出结果：[1, 2, 3, 4, 5]

```
a = [1,2,4]
a.insert(2,100)
print(a)
```

输出结果：[1, 2, 100, 4]

```
list = [1, 2, 3, 4, 5, 6]
list.reverse()
print(list)
```

输出结果：[6, 5, 4, 3, 2, 1]

```
a = [2,4,6,7,3,1,5]
a.sort()
print(a)
```

输出结果：[1, 2, 3, 4, 5, 6, 7]

表 3-10 列表的常用方法

| 名称 | 功能描述 |
|---|---|
| list.append(obj) | 在列表末尾添加新的对象 |
| list.count(obj) | 统计某个元素在列表中出现的次数 |
| list.extend(seq) | 在列表末尾一次性追加另一个序列中的多个值（用新列表扩展原来的列表） |
| list.index(obj) | 从列表中找出某个值第一个匹配项的索引位置 |
| list.insert(index, obj) | 将对象插入列表，index 为插入的位置，obj 为插入内容 |
| list.pop([index = -1]) | 移除列表中的一个元素（默认最后一个元素），并且返回该元素的值 |

续表

| 名称 | 功能描述 |
| --- | --- |
| list.remove(obj) | 移除列表中某个值的第一个匹配项 |
| list.reverse() | 将列表中元素反向排列 |
| list.sort(cmp = None, key = None, reverse = False) | 对原列表进行排序，reverse = False 为升序，reverse = True 为降序，默认升序 |

## 3.4.4 列表切片

切片不仅适用于列表，还适用于元组、字符串、range 对象等。列表的切片操作具有非常强大的功能，不仅可以截取列表中的任何部分并返回一个新列表，还可以修改和删除列表中的部分元素，甚至可以为列表对象增加元素。在形式上，切片使用由 2 个冒号分隔的 3 个数字来实现，语法结构为：[ start：end：step ]。

第一个数字 start 表示切片开始位置，默认为 0。

第二个数字 end 表示切片截止位置（不包含此位置），默认为全部。

第三个数字 step 表示切片的步长（默认为 1）。

当 start 为 0 时可以被省略，当 end 为列表长度时可以被省略，当 step 为 1 时可以被省略，省略步长时还可以同时省略最后一个冒号。另外，当 step 为负整数时，表示反向切片，这时 start 应该在 end 的右侧。

切片最常见的用法是返回列表中部分元素组成的新列表。当切片范围超出列表边界时，不会因为下标越界而抛出异常，而是简单地在列表尾部截断或者返回一个空列表，代码具有更强的健壮性。

```
>>>aList = [3, 4,5,6,7,9,11,13, 15, 17]
>>>aList[: : ]# 返回包含原列表中所有元素的新列表
```

输出结果：[ 3,4,5,6,7,9,11,13,15, 17]

```
>>>aList[: : -1] # 返回包含原列表中所有元素的逆序列表
```

输出结果：[ 17, 15, 13, 11, 9, 7, 6,5,4,3]

```
>>>aList[: : 2] # 从下标 0 开始，每隔一个元素取一个
```

输出结果：[ 3,5,7,11,15]

```
>>>aList[3: 6] # 指定切片的开始和结束位置
```

输出结果：[ 6,7,9 ]

```
>>>aList[0: 100] # 切片结束位置超出列表边界时，从列表尾部截断
```

输出结果：[ 3,4, 5, 6, 7, 9, 11, 13, 15, 17 ]

## 3.4.5 项目实训——创建考试成绩信息库

### 1. 实验需求

创建考试成绩信息库，通过列表保存学生信息。

### 2. 实验步骤

（1）先创建一个空列表，用来保存学生信息；

（2）通过循环将输入的信息添加到列表中；

（3）输出列表中的学生信息。

**3. 代码实现**

```
# 创建一个空列表，用来保存学生的姓名和成绩
student_score = []
while True:
    name = input("请输入学生姓名（输入 q 退出）：")
    if name =  = "q":
        break
    student_score.append([name])# 每次创建一个新列表元素
    score = input("请输入英语，数学，语文的成绩（用逗号分隔）：")
    student_score[-1].append(score.split(','))# 将成绩传送给最后生成的列表
    print("学生成绩单为：{}" .format(student_score))
print("学生成绩单为：{}" .format(student_score))
```

输出结果如下。

```
请输入学生姓名（输入 q 退出）：张三
请输入英语，数学，语文的成绩（用逗号分隔）：63,91,78
学生成绩单为：[['张三', ['63', '91', '78']]]
请输入学生姓名（输入 q 退出）：李四
请输入英语，数学，语文的成绩（用逗号分隔）：91,72,86
学生成绩单为：[['张三', ['63', '91', '78']], ['李四', ['91', '72', '86']]]
请输入学生姓名（输入 q 退出）：q
学生成绩单为：[['张三', ['63', '91', '78']], ['李四', ['91', '72', '86']]]
```

**4. 代码分析**

此项目用到了 while 循环，将数据存储到列表中，通过列表的操作方法，对数据进行添加和展示。

## 3.5　集合

集合属于 Python 无序可变序列，使用一对大括号作为定界符，集合中的内容是不允许重复的，而且其中的元素是无序的，它的基本功能是进行成员关系测试和删除重复元素。

### 3.5.1　集合的概念和创建

集合是由一个或几个形态各异的大小整体组成的，构成集合的事物或对象称为元素或成员，元素之间使用逗号分隔，同一个集合内的每个元素都是唯一的，而且没有顺序，集合中只能包含数字、字符串、元组等不可变类型的数据，而不能包含列表、字典、集合等可变类型的数据。创建集合时可以使用“{}”或者 set()函数，创建空集合时必须用 set()而不能使用“{}”，因为“{}”是用来创建空字典的。集合的创建格式为 set(value)，相关练习如下。

```
>>>a = ['a', 'b', 'a', 'b', 'a', 'b']
>>>b = set(a)
>>>print(b)
```

输出结果：{'a', 'b'}

可以用直接赋值的方式创建一个集合对象，也可以使用 set()函数将列表、元组、字符串、range对象等其他可迭代对象转换为集合。如果原来的数据中存在重复元素，则在转换为集合的时候只保留一个；如果原序列或迭代对象中有不可散列的值，无法转换为集合，则抛出异常。相关练习如下。

```
>>>a = {3,5}
>>>print(a)
```

输出结果：{3, 5}

```
>>>a = set(range(8,14))   # range(8,14) 返回的是一个 8 到 13 的可迭代对象
>>>print(a)
```

输出结果：{8, 9, 10, 11, 12, 13}

## 3.5.2 集合的常用操作

### 1. 集合元素增加

使用集合对象的 add()方法可以增加新元素，如果该元素已存在，则忽略该操作，不会抛出异常。update()方法用于将另外一个集合中的元素合并到当前集合中，并自动删除重复元素。

例如：

```
>>>s = {1,2,3}
>>>s.add(3) # 添加元素，重复元素被忽略
>>>print(s)
```

输出结果：{1,2,3}

```
>>>s.update({3,4})# 更新当前字典，忽略重复元素
>>>print(s)
```

输出结果：{1,2,3,4}

### 2. 集合元素查看与删除

由于集合对象是无序的，因此，无法直接查看里面的数据，可以将集合转换为列表或使用 pop()方法进行查看。pop()方法用于随机删除并返回集合中的一个元素，如果集合为空，则抛出异常；remove()方法用于删除集合中的元素，如果指定元素不存在，则抛出异常；discard()用于从集合中删除一个特定元素，如果该元素不在集合中，则忽略该操作。

```
>>>s = {1,2,3,4}
>>>s.discard(5) # 删除元素，如果元素不存在，则忽略该操作
>>>print(s)
```

输出结果：{1,2,3,4}

```
>>>s.remove(5) # 删除元素，如果该元素不存在，就抛出异常
```

输出结果：KeyError: 5

```
>>>s = {1,2,3,4}
>>>s.pop()# 删除并返回一个元素
```

输出结果：1

```
>>>print(s)
```

输出结果：{2,3,4}

### 3. 集合运算

内置函数 len()、max()、min()、sum()、sorted()、map()、filter()、enumerate()等也适用于集合。另外，Python 集合还支持数学意义上的交集、并集、差集等运算，如表 3-11 所示。

表 3-11 Python 集合运算符号

| Python 符号 | 含义 |
| --- | --- |
| - | 差集 |
| & | 交集 |
| \| | 合集或并集 |
| ! = | 不等于 |
| = = | 等于 |
| in | 是内部成员 |
| not in | 不是内部成员 |

Python 中的集合运算非常方便，开发人员应熟悉并灵活运用它们。需要注意的是，关系运算符 >、> =、<、< = 作用于集合时表示集合之间的包含关系，而不是集合中元素的大小关系。例如，对于两个集合 A 和 B，A<B 不成立不代表 A> = B 就一定成立。相关练习如下。

```
>>>a_set = set([8, 9, 10, 11, 12, 13])
>>>b_set = {0, 1,2,3,7,8}
>>>print(a_set | b_set)      # 并集
```

输出结果：{ 0, 1, 2, 3, 7, 8, 9, 10, 11, 12, 13}

```
>>>print (a_set & b_set )  # 交集
```

输出结果：{ 8}

```
>>>print(a_set-b_set) # 差集
```

输出结果：{ 9,10,11,12,13}

```
>>>print(a_set ^b_set) # 对称差集
```

输出结果：{ 0,1,2,3,7,9,10,11,12,13}

```
>>>{1,2,3}<{1,2,3,4}# 真子集
```

输出结果：True

```
>>>{1,2,4}< = {1,2,3}
```

输出结果：False

```
>>>{1,2,4}>{1,2,3}
```

输出结果：False

## 3.5.3 集合的方法

Python 中集合的主要方法如表 3-12 所示，相关练习如下。

```
>>>s = {1,2,3,4}
>>>s.add(100)
>>>print(s)
```

输出结果：{1, 2, 3, 100, 4}

```
>>>a = s.copy()
>>>print(a)
```

输出结果：{1, 2, 3, 100, 4}

```
>>>s.clear()
>>>print(s)
```

输出结果：set()

表 3-12　　　　　　　　　　Python 集合的方法列表

| 集合方法 | 功能描述 |
|---|---|
| add() | 为集合添加元素 |
| clear() | 移除集合中的所有元素 |
| copy() | 拷贝一个集合 |
| difference() | 返回多个集合的差集 |
| difference_update() | 移除集合中的元素，该元素在指定的集合中也存在 |
| discard() | 删除集合中指定的元素 |
| intersection()<br>intersection_update() | 返回集合的交集 |
| isdisjoint() | 判断两个集合是否包含相同的元素，如果是，则返回 True；否则，返回 False |
| issubset() | 判断指定集合是否为该方法参数集合的子集 |
| issuperset() | 判断该方法的参数集合是否为指定集合的子集 |
| pop() | 随机移除元素 |
| remove() | 移除指定元素 |
| symmetric_difference() | 返回两个集合中不重复的元素集合 |
| symmetric_difference_update() | 移除当前集合中与另外一个指定集合中的元素相同的元素，并将另外一个指定集合中不同的元素插入当前集合中 |
| union() | 返回两个集合的并集 |
| update() | 给集合添加元素 |

### 3.5.4　项目实训——下载去重器

#### 1. 实验需求

此项目是根据集合的特性，将重复的下载文件名去掉。

#### 2. 实验步骤

（1）建立一个空集合 set()；
（2）将需要下载的文件通过 input()输入；
（3）将 input()输入的文件名放到集合中，实现文件名去重；
（4）将去重后的集合转换成元组，循环输出需要下载的文件的文件名。

### 3. 代码实现

```
# 下载去重器
# 下载集合
download = set()
file_name1 = input("请输入你要下载的文件的文件名：")
file_name2 = input("请输入你要下载的文件的文件名：")
file_name3 = input("请输入你要下载的文件的文件名：")
download.add(file_name1)
download.add(file_name2)
download.add(file_name3)
i = 0
#len() 获取集合个数
print("下载提示：")
while i<len(download):
    print("{}文件已下载...".format(tuple(download)[i]))
    i+ = 1
```

输出结果：

```
请输入你要下载的文件的文件名：海贼王
请输入你要下载的文件的文件名：西游记
请输入你要下载的文件的文件名：西游记
下载提示：
海贼王文件已下载……
西游记文件已下载……
```

### 4. 代码分析

此项目需要 Python 的数据存储模型——集合，通过集合的操作方法和去重特性，对下载的数据进行去重并转换后输出。

## 3.6 字典

字典是 Python 中另一个非常有用的内置数据类型。列表是有序的对象集合，字典是无序的对象集合，两者的区别在于字典中的元素是通过键来存取的，而不是通过偏移存取的。

### 3.6.1 字典的概念和创建

字典是一种映射类型，用“{ }”标识，它是一个无序的键：值的集合。键必须使用不可变类型。在同一个字典中，键必须是唯一的。使用赋值运算符“＝”将一个字典赋值给一个变量即可创建一个字典变量，也可以使用内置类 dict 以不同形式创建字典。当不再需要字典时，可以直接用 del 将其删除。

```
>>>dict = {'name': 'abc','age': '18'}
>>>print(dict['name'])
```

运行结果：abc

```
>>>print(dict.keys())
```

运行结果：dict_keys(['name', 'age'])

```
>>>print(dict.values())
```

运行结果：dict_keys(['abc', '18'])

## 3.6.2 字典的常用操作

### 1. 字典元素的访问

字典中的元素表示一种映射关系或对应关系，将提供的“键”作为下标就可以访问对应的“值”，如果字典中不存在这个“键”，会抛出异常。

```
>>>aDict = {'age': 39, 'score' : [98, 97], 'name': 'Dong' , 'sex': 'male'}
>>>aDict['age' ] # 指定的“键”存在，返回对应的“值”
```

运行结果：39

```
>>>aDict['address' ] # 指定的“键”不存在，抛出异常
```

运行结果：KeyError: 'address'

字典对象提供了 get()方法用来返回指定“键”对应的“值”，并且允许指定该键不存在时返回特定的“值”。

```
>>>aDict.get('age') # 如果字典中存在该“键”，则返回对应的“值”
```

运行结果：39

```
>>>aDict.get('address' , 'Not Exists. ') # 当指定的“键”不存在时，返回指定的默认值
```

运行结果：'Not Exists.'

### 2. 元素的添加、修改

当以指定“键”为下标，为字典元素赋值时，若该“键”存在，则表示修改该“键”对应的值。若该“键”不存在，则表示添加一个新的“键：值”对，也就是添加一个新元素。

```
>>>aDict = {'age': 35, 'name': 'Dong', 'sex': 'male'}
>>>aDict['age' ] = 39      # 修改元素值
>>>print(aDict)
```

运行结果：{ 'age': 39, 'name': 'Dong', 'sex': 'male'}

```
>>>aDict['address'] = 'Yantai'       # 添加新元素
>>>print (aDict)
```

运行结果：{ 'age': 39, 'address': 'Yantai', 'name': 'Dong', 'sex': 'male'}

使用字典对象的 update()方法可以将另一个字典的“键：值”一次性全部添加到当前字典对象，如果两个字典中存在相同的“键”，则以另一个字典中的“值”为准对当前字典进行更新。

```
>>>aDict = {'age': 37, 'score': [98, 97], 'name': 'Dong', 'sex': 'male'}
>>>aDict. update({'a' : 97, 'age' : 39})# 修改“age”键的值，同时添加新元素
>>>print (aDict)
```

运行结果：{ 'score': [98, 97], 'sex': 'male', 'a': 97, 'age' : 39, 'name': 'Dong' }

### 3. 元素的删除

可以使用字典对象的 pop()和 popitem()方法弹出并删除指定的元素。

```
>>>aDict = {'age': 37, 'score': [98, 97], 'name': 'Dong', 'sex': 'male'}
>>>aDict.popitem()# 弹出一个元素，对空字典会抛出异常
```

运行结果：('sex', 'male')

```
>>>aDict = {'age': 37, 'score': [98, 97], 'name': 'Dong', 'sex': 'male'}
>>>aDict.pop('sex') # 弹出指定键对应的元素
```

运行结果：'male'

```
>>>print (aDict)
```

运行结果：{'age': 37, 'score': [98, 97], 'name': 'Dong'}

### 3.6.3 字典的方法

Python 中字典的主要方法如表 3-13 所示，相关练习如下。

```
s = {'a': 1, 'b': 2, 'c': 3}
s1 = s.copy()        # 拷贝内容
s2 = s               # 以镜像方式映射
print(s1)
print(s2)
s['a'] = 100         # 当原数据 s 变化
print(s1)     # s1 是独立的字典，不变化
print(s2)     # s2 是镜像，跟着变化
```

运行结果：

```
{'a': 1, 'b': 2, 'c': 3}
{'a': 1, 'b': 2, 'c': 3}
{'a': 1, 'b': 2, 'c': 3}
{'a': 100, 'b': 2, 'c': 3}
```

```
s = {'a': 1, 'b': 2, 'c': 3}
s.setdefault('d', 4)# key 不在字典中
print(s)
s.setdefault('a', 33) # key 在字典中
print(s)
```

运行结果：

```
{'a': 1, 'b': 2, 'c': 3, 'd': 4}
{'a': 1, 'b': 2, 'c': 3, 'd': 4}
```

表 3-13 Python 字典的方法列表

| 字典方法 | 功能描述 |
| --- | --- |
| clear() | 从字典删除所有项 |
| copy() | 创建并返回字典的浅拷贝（新字典元素为原始字典的引用） |
| get(key [,returnvalue] ) | 返回键的值，若无键而指定了 returnvalue，则返回 returnvalue 值，若无此值，则返回 None |
| has_key( key ) | 如果键存在于字典中，就返回 1（真）；否则返回 0（假） |
| items() | 返回一个由元组构成的列表，每个元组包含一对键-值对 |
| keys() | 返回一个由字典所有键构成的列表 |
| popitem() | 删除任意键-值对，并作为两个元素的元组返回。如果字典为空，则返回 KeyError 异常 |
| setdefault( key [,dummvalue]) | 具有与 get()方法类似的行为。如果键不在字典中，同时指定了 dummvalue，就将键和指定的值（dummvalue）插入字典，如果没有指定 dummvalue，则值为 None |
| update( newDictionary ) | 将来自 newDictionary 的所有键-值对添加到当前字典，并覆盖同名键的值 |
| values() | 返回字典所有值组成的一个列表 |

续表

| 字典方法 | 功能描述 |
|---|---|
| iterkeys() | 返回字典键的一个迭代器 |
| iteritems() | 返回字典键-值对的一个迭代器 |
| itervalues() | 返回字典值的一个迭代器 |

### 3.6.4　项目实训——基于字典操作的学生成绩汇总

#### 1. 实验需求

此项目的目的是根据 Python 字典模型，统计学生的成绩。

#### 2. 实验步骤

（1）创建学生成绩字典模型；

（2）获取字典模型中的所有学生名，并去掉重复的学生成绩；

（3）识别出缺失学生的成绩数据，填充 NaN；

（4）利用 get（agrs1,args2）方法获取数据，如果有值，则返回 args1，如果无值，则返回 args2。

#### 3. 代码实现

```
# 字典形成存储了英语、语文、数学的成绩
English = {'张三': 85,'李四': 62,'王五': 96}
Math = {'李四': 66,'王五': 91,'赵六': 76}
Chinese = {'张三': 85,'李四': 62}
s = list(English.keys())+list(Math.keys())+list(Chinese.keys())# 将所有姓名放到列表
s = set(s)# 通过集合的方式去重
s = list(s)# 转换为列表方便读取
print("{: <{}}  {: <{}} {: <{}} {: <{}}".format('科目',8,'English',8,'Math', 8,'Chinese',8))
for i in s:
    print("{: <{}}  {: <{}} {: <{}} {: <{}}".format(i,8,English.get(i,'NaN'),8,\
Math.get(i,'NaN'),8,Chinese.get(i,'NaN'),8))# 上下在同一行，format 方式指定宽度 8
```

输出结果：

```
科目    English    Math      Chinese
赵六    NaN        76        NaN
李四    62         66        62
张三    85         NaN       85
王五    96         91        NaN
```

#### 4. 代码分析

此项目需要 Python 的数据存储模型——字典，通过字典的操作方法，将空数据类型补充完整。

## 3.7　项目实训——成绩排行榜生成系统

### 1. 实验需求

此项目使用 Python 数据存储模型、字典、列表特性对学生成绩进行记录和排序，并格式化输出。

### 2. 实验步骤

（1）录入学生的姓名；

（2）通过循环的方式将学生信息添加到字典中；

（3）通过 Python 的内置函数 sorted()实现排序；

（4）格式化输出成绩排行榜。

### 3. 代码实现

```
num = input("请输入你要录入的学生成绩数量：")
i = 0
print("输入学生名和三科总成绩格式如：张三，289")
stu = {}
# 添加学生信息
while i<int(num):
    student_info = input("请输入学生名和总成绩：")
    student_info_list = student_info.split("，")
    stu[student_info_list[0]] = int(student_info_list[1])
    i += 1
# 字典排序
new_stu = sorted(stu.items(),key = lambda d: d[1],reverse = True)
# 显示学生信息
j = 0
print("{: ^10}\t{: ^6}\t{: ^8}".format("姓名","总成绩","排名",chr(12288)))
while j<len(new_stu):
    print("{: ^10}\t{: ^6}\t{: ^16}".format(
new_stu[j][0],new_stu[j][1],j+1,chr(12288)))
    j += 1
```

输出结果如下。

```
请输入你要录入的学生成绩数量：4
输入学生名和三科总成绩格式如：张三，289
请输入学生名和总成绩：张三，324
请输入学生名和总成绩：李四，333
请输入学生名和总成绩：王五，127
请输入学生名和总成绩：赵六，351
    姓名          总成绩        排名
    赵六          351           1
    李四          333           2
    张三          324           3
    王五          127           4
```

### 4. 代码分析

此项目需要利用 Python 的数据存储模型的特性循环获取学生信息，难点是 sorted()函数的应用，输出排名后的成绩。

## 本章小结

本章主要介绍了Python中主要的组合数据类型，包括字符串、元组、列表、集合和字典等，按照序列是否有序可分为有序序列和无序序列，按照序列是否可变可以分为不可变序列和可变序列。读者需要熟练掌握每种不同数据类型的特点和使用方法，熟悉不同数据类型相互转换的方法，从而在编程中灵活运用，提高程序运行效率。

## 习 题

### 一、多选题

1. 以下正确的字符串是（　　）。

   A. 'abc"ab"　　B. 'abc"ab'　　C. "abc"ab"　　D. "abc\"ab"

2. 下面对 count()、index()、find()方法描述错误的是（　　）。

   A. count()方法用于统计字符串中某个字符出现的次数

   B. find()方法检测字符串中是否包含子字符串 str，如果包含子字符串，则返回开始的索引值；否则会报异常

   C. index()方法检测字符串中是否包含子字符串 str，如果包含，则返回−1

   D. 以上都错误

### 二、单选题

1. 假设列表对象 aList 的值为[3, 4, 5, 6, 7, 9, 11, 13, 15, 17]，那么切片 aList[3: 7]得到的值是（　　）。

   A. [3, 7, 13]　　B. [4, 5, 6]　　C. [6, 7, 9, 11]　　D. [3, 7, 13, 17]

2. 任意长度的 Python 列表、元组和字符串中最后一个元素的下标为（　　）。

   A. 1　　B. −1　　C. 0　　D. i

3. Python 语句 list(range(1,10,3))的执行结果为（　　）。

   A. [1, 4, 7]　　B. [1, 10, 3]　　C. [1, 3, 10]　　D. [10, 3, 1]

4. 表达式 list(range(5))的值为（　　）。

   A. [1, 2, 3, 4, 5]　　B. [0, 1, 2, 3, 4, 5]

   C. [5, 4, 3, 2, 1]　　D. [0, 1, 2, 3, 4]

5. 表达式 sorted([111, 2, 33], key = lambda x: len(str(x)))的值为（　　）。

   A. [111, 33, 2]　　B. [33, 2, 111]

   C. [2, 33, 111]　　D. [33, 111, 2]

6. 已知 x = [3, 5, 7]，那么执行语句 x[len(x): ] = [1, 2]之后，x 的值为（　　）。

   A. [1, 2, 3, 5, 7]　　B. [7, 5, 3, 2, 1]

   C. [2, 1, 3, 5, 7]　　D. [3, 5, 7, 1, 2]

7. 表达式[index for index, value in enumerate([3,5,7,3,7]) if value = = max([3,5,7,3,7])]的值为(　　)。

A. [3, 5]　　B. [3, 7]　　C. [2, 4]　　D. [5, 7]

## 三、判断题

1. 已知 x 和 y 是两个等长的整数列表，那么表达式 sum((i*j for i,j in zip(x,y)))的作用是计算这两个列表所表示的向量的内积。(　　)

2. 表达式（i**2 for i in range(100)）的结果是元组。(　　)

## 四、编程题

1. 生成包含 20 个随机数的列表，然后将前 10 个元素按升序排列，后 10 个元素按降序排列，并输出这些数。

2. 让用户在键盘上输入一个包含若干整数的列表，输出翻转后的列表。

# 04

# 第4章 程序控制结构

**本章导学**

**Python 语言使用控制结构来更改程序的执行顺序以满足多样的功能需求，程序控制结构一般包括顺序结构、分支结构、循环结构，其中顺序结构是程序按照线性顺序依次执行的，分支结构是程序根据不同条件选择不同路径执行的，循环结构是程序根据不同条件判断结果后反复执行的，这 3 种结构是编程语言的基础，需要熟练掌握。**

**学习目标**

（1）了解程序控制结构的种类。

（2）掌握分支结构的使用。

（3）掌握循环结构的使用。

（4）学会异常处理的方法。

## 4.1 条件表达式

在 Python 中，程序的结构默认为顺序结构，自上而下一次执行程序代码。当用户需要更改程序的执行顺序时，可以使用分支结构或循环结构来实现。在选择结构和循环结构中，都要根据条件表达式的值来确定下一步的执行流程。条件表达式的值一般有真和假两种情况，如果表达式的值为真，则执行程序；如果表达式的值为假，则不执行程序，表达式的值为假的情况有如下几种：False、0、空值 None、空列表、空元组、空集合、空字典、空字符串、空 range 对象或其他空迭代对象（Python 解释器均认为它们与 False 等价），举例如下。

```
if 666:
    print(9) # 使用整数作为条件表达式，非空表示成立
```

运行结果：9

```
a = [3,2,1]
if a:
  print(a)# 使用列表作为条件表达式，非空列表表示成立
```

运行结果：[3, 2, 1]

使用条件表达式时经常要用到运算符。在 Python 的语法中，条件表达式中不允许使用赋值运算符“=”，运算符已在第 2 章详细介绍过，本章主要使用关系运算符判断条件表达式的真假，如表 4-1 所示。

表 4-1　　关系运算符列表

| 运算符 | 描述 |
|---|---|
| = = | 比较两个对象是否相等 |
| != | 比较两个对象是否不相等 |
| > | 大小比较，例如 x>y 将比较 x 和 y 的大小，如果 x 比 y 大，则返回 True；否则返回 False |
| < | 大小比较，例如 x<y 将比较 x 和 y 的大小，如果 x 比 y 小，则返回 True；否则返回 False |
| >= | 大小比较，例如 x>=y 将比较 x 和 y 的大小，如果 x 大于或等于 y，则返回 True；否则返回 False |
| <= | 大小比较，例如 x<=y 将比较 x 和 y 的大小，如果 x 小于或等于 y，则返回 True；否则返回 False |

关系运算符练习举例如下。

```
>>>print(1<2<3)# 等价于 1<2 and 2<3
```

运行结果：True

```
>>>print(1<2>3)
```

运行结果：False

```
>>>print(1<3>2)
```

运行结果：True

## 4.2　分支结构

### 4.2.1　单分支选择结构

单分支选择结构是最常用的分支结构之一，功能为判断条件表达式的值是否为真，如果表达式的值为真，则程序执行；如果表达式的值为假，则不执行程序，继续执行后面的代码，执行流程如图 4-1 所示。语法如下，其中表达式后面的冒号“:”不可缺少，语句块前面必须进行相应的缩进，一般以 4 个空格为缩进单位。

```
if 表达式:
    语句块
```

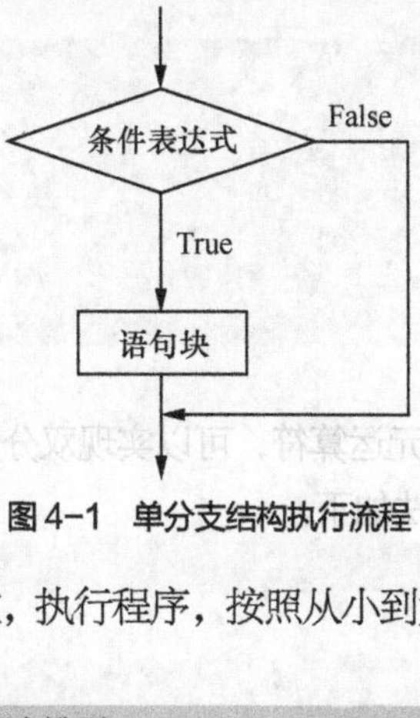


图 4-1　单分支结构执行流程

例如，一个练习要求输入 3 个数，执行程序，按照从小到大的顺序排列并输出，使用单分支结构的程序编程如下。

```
# 输入 3 个数，要求按照从小到大的顺序排列
a = int(input('请输入 a 的值：'))
```

```
b = int(input('请输入 b 的值：'))
c = int(input('请输入 c 的值：'))
if a>b:
    a,b = b,a
if b>c:
    b,c = c,b
if a>b:             # 请思考，为何用两次
    a,b = b,a
print('排序结果：',a,b,c)
```

运行结果如下。

```
请输入 a 的值：1
请输入 b 的值：9
请输入 c 的值：5
排序结果：1 5 9
```

### 4.2.2 双分支选择结构

双分支选择结构是当表达式值为 True 或其他等价值时，执行语句块 1；否则执行语句块 2。语句块 1 或语句块 2 总有一个被执行，然后再执行后面的代码，执行流程如图 4-2 所示，语法如下。

```
if 表达式:
    语句块 1
else:
    语句块 2
```

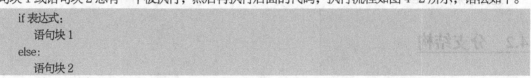

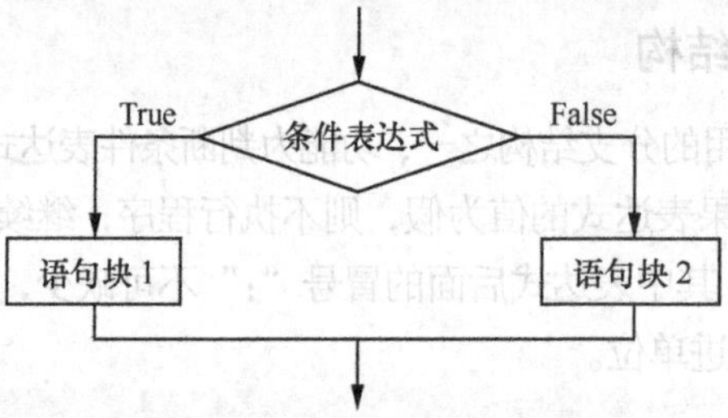


图 4-2 双分支结构执行流程

相关练习如下。

```
a = 14
if a>13:
    b = 6
else:
    b = 9
print(b)
```

运行结果：6

另外，Python 还提供了一个三元运算符，可以实现双分支结构。当条件表达式值为真时，执行语句块 1；否则执行语句块 2，语法如下。

```
语句块 1    if condition else 语句块 2
```

相关练习如下。

```
a = 14
b = 6 if a>13 else 9
print(b)
```

运行结果：6

### 4.2.3　多分支选择结构

如果分支结构的分支数超过 2 个，就称为多分支结构，执行流程如图 4-3 所示，多分支选择结构的语法如下。

```
if 表达式 1:
    语句块 1
elif 表达式 2:
    语句块 2
elif 表达式 3:
    语句块 3
else:
    语句块 n
```

其中，关键字“elif”是“else if”的缩写。

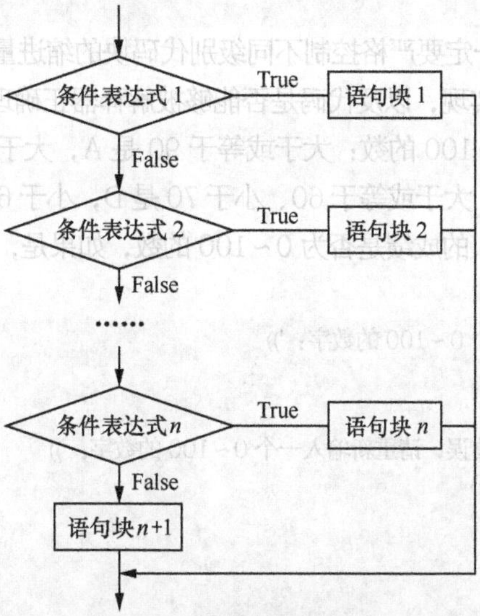


图 4-3　多分支结构执行流程

相关练习如下。

```
# 已知点的坐标(x,y)，判断其所在的象限
x = int(input("请输入 x 轴的坐标："))
y = int(input("请输入 y 轴的坐标："))
if (x = = 0 and y = = 0):
    print("在原点")
elif (x = = 0):
    print("在 x 轴")
elif (y = = 0):
    print("在 y 轴")
elif (x>0 and y>0):
    print("第一象限")
elif (x<0 and y>0):
    print("第二象限")
elif (x<0 and y<0):
```

```
    print("第三象限")
elif (x>0 and y<0):
    print("第四象限")
```

运行结果如下。

```
请输入 x 轴的坐标：566
请输入 y 轴的坐标：256
第一象限
```

### 4.2.4 选择结构的嵌套

选择结构可以进行嵌套，示例语法如下。

```
if 表达式 1:
    语句块 1
    if 表达式 2:
        语句块 2
else:
    语句块 3
```

使用嵌套选择结构时，一定要严格控制不同级别代码块的缩进量，这决定了不同代码块的从属关系和业务逻辑是否被正确实现，以及代码是否能够被解释器正确理解和执行。

编写程序，输入一个 0～100 的数：大于或等于 90 是 A，大于或等于 80、小于 90 是 B，大于或等于 70、小于 80 是 C，大于或等于 60、小于 70 是 D，小于 60 是 E。

基本思路：首先检查输入的成绩是否为 0～100 的数，如果是，则计算其对应等级的字母，程序的相关代码如下。

```
score2 = int(input('请输入一个 0～100 的数字：'))
grade2 = ''
if score2>100 or score2<0:
    score2 = int(input('输入错误，请重新输入一个 0～100 的数字：'))
else:
    if score2> = 90:
        grade2 = 'A'
    elif score2> = 80:
        grade2 = 'B'
    elif score2> = 70:
        grade2 = 'C'
    elif score2> = 60:
        grade2 = 'D'
    else:
        grade2 = 'E'
print('分数是{0}，等级是{1}'.format(score2,grade2))
```

运行结果如下。

```
请输入一个 0～100 的数字：69
分数是 69，等级是 D
```

### 4.2.5 项目实训——成绩区间判定

#### 1. 实验需求

要求输入一个学生的成绩，将其转化成简单描述：不及格（小于 60）、及格（60～79）、良好

（80～89）、优秀（90～100）。

**2. 实验步骤**

（1）输入成绩；
（2）将输入的成绩强制转换成整数，便于与后续的成绩比较；
（3）通过 if 分支语句划分区域。

**3. 代码实现**

```
score = int(input('请输入成绩：'))
grade = ''
if score<60:
    grade = '不及格'
if 60< = score<80:
    grade = '及格'
if 80< = score<90:
    grade = '良好'
else:
    grade = '优秀'
print('分数是{0},等级是{1}'.format(score,grade))
```

运行结果如下。

```
请输入成绩：86
分数是 86,等级是良好
```

**4. 代码分析**

此项目需要 Python 语法知识——分支语句，重点是分支语句的用法，要求读者掌握 if 语句的基本语法。

## 4.3 循环结构

Python 主要有 for 循环和 while 循环两种形式的循环结构，多个循环结构可以嵌套使用，也可以和选择结构嵌套使用来实现复杂的业务逻辑。循环结构执行过程为：判断条件表达式是否成立，如果成立，则执行循环体语句，然后执行条件表达式，反复循环执行；如果条件表达式不成立，则退出循环，继续执行后面的程序，其执行流程如图 4-4 所示。

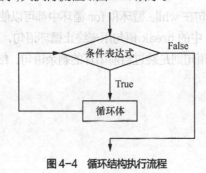

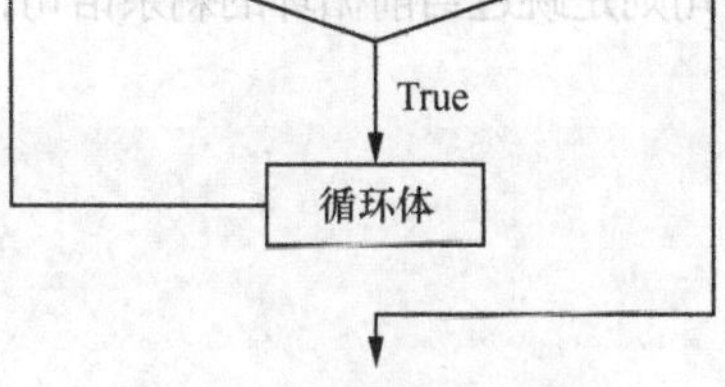


图 4-4 循环结构执行流程

### 4.3.1 while 循环

while 循环语法形式如下，其中 else 语句可以省略。

```
while 条件表达式:
    循环体
else:
    语句块 2
```

练习：使用 Python 的 while 循环结构编写程序，计算 1+2+3+…+100 的值，程序示例如下。

```
s = 0
n = 1
while n< = 100:
    s = s+n
    n = n+1
print('计算的累加和为：',s)
```

运行结果如下。

```
计算的累加和为：5050
```

### 4.3.2 for 循环

for 循环语法形式如下，其中 else 语句可以省略。

```
for 取值 in 序列或迭代对象:
    循环体
else:
    子句代码块
```

练习：编写程序，输出 1～50 中能被 7 整除且不能被 5 整除的所有整数。

```
for i in range(1, 51):
    if i%7 =   = 0 and i%5! = 0:
        print(i)
```

运行结果如下。

```
7
14
21
28
42
49
```

### 4.3.3 continue 和 break 语句

break 语句和 continue 语句在 while 循环和 for 循环中都可以使用，并且一般与选择结构或异常处理结构结合使用。Python 中的 break 语句用来终止循环语句，即循环条件不满足要求，也会停止执行循环语句。continue 语句则是跳过当前循环的剩余语句，继续进行下一轮循环。

相关练习如下。

```
for i in 'Hello':
    if i =   = 'l':
        break
print('当前字母',i)
```

运行结果如下。

```
当前字母 H
当前字母 e
```

```
for i in 'Hello':
    if i = = 'l':
        continue
print('当前字母', i)
```

运行结果如下。

```
当前字母 H
当前字母 e
当前字母 o
```

### 4.3.4　列表推导式

列表推导式可以使用非常简洁的方式对列表或其他可迭代对象的元素进行遍历、过滤或再次计算，快速生成满足特定需求的新列表。列表推导式的语法形式如下。

```
out_list = [out_express for out_express in input_list if out_express_condition]
```

其中的 if 条件判断可省略。相关练习如下。

#### 1. 生成一个 10 以内的偶数的 list

```
>>>evens = [i for i in range(10) if i % 2 = = 0]
>>>print(evens)
```

输出结果：[0, 2, 4, 6, 8]

#### 2. 列举 1、2、3 和 a、b、c 的所有可能的组合

```
>>>evens = [(x, y) for x in [1,2,3] for y in ["a", "b", "c"]]
>>>print(evens)
```

输出结果：[(1, 'a'), (1, 'b'), (1, 'c'), (2, 'a'), (2, 'b'), (2, 'c'), (3, 'a'), (3, 'b'), (3, 'c')]

### 4.3.5　项目实训——鸡兔同笼问题

#### 1. 实验需求

“鸡兔同笼问题”是我国古算书《孙子算经》中著名的数学问题，其内容是：“今有雉（鸡）兔同笼，上有三十五头，下有九十四足。问雉兔各几何。”意思是：有若干只鸡和兔在同一个笼子里，从上面数，有三十五个头；从下面数，有九十四只脚。求笼中鸡和兔的数量分别是多少？

#### 2. 实验步骤

（1）可以用列方程的方法来解决该问题；

（2）设鸡有 x 只，兔有 y 只，则根据题意有：x + y = 35，2x + 4y = 94，解这个方程组；

（3）使用循环语句和分支语句实现函数。

#### 3. 代码实现

```
for x in range(1,50):
    y = 35-x
```

```
    if 2*x + 4*y = = 94:
        print('兔子有%s 只，鸡有%s 只'%(x, y))
```

运行结果如下。

```
兔子有 12 只，鸡有 23 只
```

### 4. 代码分析

此项目要求先列出方程式，然后利用循环的方式，在循环体中进行比对，找出符合条件的答案。

## 4.4 异常处理

### 4.4.1 异常和错误的概念

异常和错误不同，程序由于语法等原因无法通过编译，提示错误；而异常是程序编译无问题，但是运行时由于输入的数据不合法或者临时不满足某个条件而发生的错误，例如要打开的文件不存在、用户权限不足、磁盘空间已满、网络连接故障等。程序一旦异常，就会崩溃，以至于无法继续执行后面的代码，如果得不到正确的处理会导致整个程序退出。一个好的程序应该能够充分预测可能发生的异常并进行处理，要么给出友好提示信息，要么忽略异常继续执行，这样程序才会表现出很好的健壮性。异常处理结构的一般思路是先尝试运行代码，如果不出现异常，就正常执行；如果引发异常，就根据不同的异常类型采取不同的处理方案。

### 4.4.2 异常处理语法

Python 程序编程中，在使用异常处理结构时，一般把极有可能出错的代码放在 try 块中，使用 except 捕捉尽可能精准的异常并进行相应的处理，把 Exception 或 BaseException 放在最后一个 except 子句中进行捕捉。

异常处理结构的完整语法形式如下，其中 else 和 finally 子句可以省略。

```
try:
    # 可能引发异常的代码块
except 异常类型 1 as 变量 1:
    # 处理异常类型 1 的代码块
except 异常类型 2 as 变量 2:
    # 处理异常类型 2 的代码块
else:
    # 如果 try 块中的代码没有引发异常，就执行这里的代码块
finally:
    # 无论 try 块中的代码是否引发异常，以及异常是否被处理
    # 总是最后执行这里的代码块
```

使用异常处理的方式实现以下程序，要求用户输入整数，输出整数对应的英文字符，相关练习代码示例如下。

```
while 1:
    try:
        alp = "ABCDEFGHIJKLMNOPQRSTUVWXYZ"
        idx = eval(input("请输入一个整数: "))
```

```
        print(alp[idx])
    except Exception as err:
        print(err)
```

运行结果如下。

```
请输入一个整数: 5
F
请输入一个整数: 100
string index out of range
```

### 4.4.3 项目实训——猜数游戏

**1. 实验需求**

要求系统随机生成一个 1 ~ 20 的整数，用户有 5 次机会猜数，如果用户猜中，就提示正确；如果用户猜错，则提示错误，并提示猜的数字偏大或者偏小。

**2. 实验步骤**

（1）导入 Python 产生随机数的标准库 random；

（2）设置猜数次数；

（3）随机生成一个数；

（4）通过分支语句，判断用户是否猜对。

**3. 代码实现**

```
import random
max_retry = 5
i = 0
random_num = random.randint(1,20)
while i<max_retry:
    try:
        num = int(input("请输入 1 ~ 20 的一个数字: "))
        # print(f'你输入的数字是 : {num}')
        if num>random_num:
            print('太大')
        elif num<random_num:
            print('太小')
        else:
            print('!!Great,你猜中啦!')
            break

    except Exception as e:
        print('输入不正确! ')
    finally:
        i+ = 1
        print(f'剩余次数: {max_retry-i}')
else:
    print('错误次数超过 5 次,你输啦!')
```

运行结果如下。

```
请输入1~20的一个数字：15
太小
剩余次数：4
请输入1~20的一个数字：20
太大
剩余次数：3
请输入1~20的一个数字：16
太小
剩余次数：2
请输入1~20的一个数字：18
太小
剩余次数：1
请输入1~20的一个数字：19
!!Great,你猜中啦!
```

**4. 代码分析**

本项目的重点是异常处理代码，注意异常处理的流程和代码规范。

## 4.5 项目实训——停车场自动收费系统

**1. 实验需求**

项目通过输入操作代替识别功能，使用 Python 标准库 datetime 实现计费，利用循环和分支语句实现自动收费计算。

**2. 实验步骤**

（1）导入 Python 标准库 datetime；
（2）设置停车场最多有 16 个车位；
（3）设置无限循环，判断车辆的进入和出去；
（4）采用分支语句，在车辆进入时，查看是否有车位并记录时间；
（5）在车辆离开时，使停车位增加，并计算停留时间；
（6）收费计算：2 小时内免费，2~4 小时费用为 10 元，4~6 小时费用为 15 元，6~8 小时费用为 20 元，8~10 小时费用为 25 元，10 小时以上费用为 30 元。

**3. 代码实现**

```
# 停车场自动收费系统
import datetime   # datetime是Python的标准库
car_list = []
blank = 16 #  车库最多存放16辆车
in_now_time = 0
while True:
    result = input("是否是进入停车场(y/n)：")
```

```
if result = = "y":
    # 进车时
    if blank-len(car_list)<0:  # 判断车库是否存满
        print("车库已存满，暂无空位！")
        blank = 0
    else:
        car = input("请输入车进入的车牌号：")
        car_dic = {}
        in_now_time = datetime.datetime.now()
        new_now_time = in_now_time.strftime("%y-%m-%d %H: %M: %S") # 去掉毫秒数
        # print(now_time)
        car_dic["车牌"] = car
        car_dic["进入时间"] = new_now_time
        car_list.append(car_dic)
        blank - = 1
        print("当前剩余车位为: {}，车牌为：{}，进入时间为：{}".format(blank,car,new_now_time))
else:
    # 出站时
    status = False  # 车出停车场状态
    out_car = input("请输入车出去的车牌号：")
    # 判断本车是否已录入进入信息
    for car in car_list:
        if car["车牌"] = = out_car:
            # 计算停车时间
            in_time = car["进入时间"]
            # 获取相差的秒数
            get_second = (datetime.datetime.now() - in_now_time).seconds
            # house = get_second /60/60 +4 调试，"+"后的数字表示延后的时间
            house = get_second /60/60
            # 判断停留时间
            if house < = 2:  # 两小时内不收费
                print("停车未满 2 小时，本次免费，欢迎下次光临！")
                car_list.remove(car)
                blank + = 1
            elif 2 < house < = 4:
                print("本次停车时间为：{: .3f}小时,收费 10 元！欢迎下次光临".format(house))
                car_list.remove(car)
                blank + = 1
            elif 4 < house < = 6:
                print("本次停车时间为：{: .3f}小时,收费 15 元！欢迎下次光临".format(house))
                car_list.remove(car)
                blank + = 1
            elif 6 < house < = 8:
                print("本次停车时间为：{: .3f}小时,收费 20 元！欢迎下次光临".format(house))
                car_list.remove(car)
                blank + = 1
            elif 8 < house < = 10:
                print("本次停车时间为：{: .3f}小时,收费 25 元！欢迎下次光临".format(house))
```

```
            car_list.remove(car)
            blank + = 1
        else:
            print("本次停车时间为：{:.3f}小时，收费 30 元！欢迎下次光临".format(house))
            car_list.remove(car)
            blank + = 1
        status = True

    if status ! = True:
        print("请联系停车场管理员，本车辆未记录信息，不允许出停车场")
        continue
```

运行结果如下。

```
是否是进入停车场(y/n)：y
请输入车进入的车牌号：123
当前剩余车位为：15，车牌为：123，进入时间为：21-04-27 17：24：13
是否是进入停车场(y/n)：n
请输入车出去的车牌号：123
本次停车时间为：4.001 小时，收费 15 元！欢迎下次光临
是否是进入停车场(y/n)：n
请输入车出去的车牌号：123
是否是进入停车场(y/n)：y
请输入车进入的车牌号：234
当前剩余车位为：15，车牌为：234，进入时间为：21-04-27 17：24：33
是否是进入停车场(y/n)：y
```

**4．代码分析**

本项目使用 Python 语法中无限循序结构和分支语句的区间操作，重点是函数的嵌套和分支语句的使用，以及 datetime 库的应用。

## 本 章 小 结

本章详细讲解了 Python 中的 3 种控制结构，包括顺序结构、分支结构和循环结构。分支结构中的 if 语句和循环结构中的 while 循环语句和 for 循环语句是常用的，可以单独使用或嵌套使用，读者应熟练掌握并灵活运用。本章还详细讲解了异常处理的方式，异常处理在 Python 编程中非常好用，当程序出现意外中止的情况时，会返回错误的提示信息，便于用户快速了解程序中止的原因。

## 习　　题

### 一、多选题

1．选出对下列语句符合语法要求的表达式（　　）。

```
for var in______:
    print(var)
```

A. range(0,10) B. "Hello" C. (1, 2, 3) D. {1, 2, 3, 4, 5}

2. 以下合法的布尔表达式是（ ）。

A. x in range(6) B. 3 = a C. e>5 and 4 = = f D. (x−6)>5

3. 若 k 为整型，下述 while 循环语句执行的次数为（ ）。

```
k = 1000
while k>1:
    print(k)
    k = k/2
```

A. 9 B. 10 C. 0xa D. 100

## 二、判断题

1. 当列表作为条件表达式时，空列表等价于 False，包含任何内容的列表等价于 True，所以表达式［3,5,8］= = True 的结果是 True。（ ）

2. 数字 3 和数字 5 直接作为条件表达式时，作用是一样的，都表示条件成立。（ ）

3. 选择结构必须带有 else 或 elif 子句。（ ）

4. 只允许在循环结构中嵌套选择结构，不允许在选择结构中嵌套循环结构。（ ）

## 三、编程题

1. 使用筛选法求解小于 n 的所有素数。

2. 计算小于 1000 的所有整数中能够同时被 5 和 7 整除的最大整数。

3. 生成一个包含 20 个［1,50］随机整数的列表，将其循环左移 5 个元素。循环左移是指每次移动时把列表最左侧的元素移出列表，然后追加到列表尾部。

4. 编写程序，让用户输入一个整数，如果用户输入的是正数，就输出 1；如果用户输入的是负数，就输出−1；如果输入其他值，则输出 0。

05

# 第5章 函数

**本章导学**

函数是对一段功能性代码的封装，Python 提供了将常用的代码以固定的格式封装成一个独立的模块的功能，只要知道这个模块的名字就可以重复使用它，这个模块就叫作函数。在实际开发中，把可能需要反复执行的代码封装为函数，能提高应用的模块性和代码的重复利用率。Python 提供了许多内置函数，开发人员也可以自定义函数，本章将详细介绍函数创建和使用的方法。

**学习目标**

（1）掌握函数定义和调用的用法。

（2）理解递归函数的执行过程。

（3）掌握必需参数、关键字参数、默认值参数和可变参数的用法。

（4）理解函数调用时参数传递的序列解包用法。

（5）理解变量作用域。

## 5.1 定义和调用函数

### 5.1.1 函数的定义

Python 提供了一个功能，即允许用户将常用的代码以固定的格式封装（包装）成一个独立的模块，只要知道这个模块的名字就可以重复使用它，这个模块就叫作函数。在 Python 中，定义函数的语法如下。

```
def 函数名（［参数列表］）：
    函数体
    return 返回值
```

函数定义的规则如下。

（1）函数代码块以 def 关键字开头，后接函数标识符名称和圆括号“()”。

（2）任何传入参数和自变量都必须放在圆括号中间。

（3）函数的第一行语句可以选择性地使用文档字符串——用于存放函数说明。

（4）函数内容以冒号开始，并且缩进。

（5）return [表达式]结束函数，选择性地返回一个值给调用方。不带表达式的 return 相当于返回 None。

### 5.1.2　函数的调用

定义函数后，函数就有了名称，定义的函数指定了函数里包含的参数和代码块结构。这个函数的基本结构完成以后，可以通过另一个函数调用执行，也可以直接通过 Python 提示符执行，相关练习如下。

```
# 定义函数
def printme(str):
    # 输出任何传入的字符串
    print(str)
    return
# 调用函数
printme("函数调用!")
printme("Hello World!")
```

## 5.2　函数参数

Python 的函数使用起来非常灵活，除了正常定义的必需参数外，还可以使用关键字参数、默认值参数、可变参数，函数通过定义出来的接口和参数设置，简化调用者的代码。

### 5.2.1　必需参数

必需参数即函数调用时必须要传入的参数，下面举例进行说明。

```
def helloWorld(a):
    print("输出：hello")
helloWorld("aaa")  # 必须要有参数
```

运行结果：输出：hello

### 5.2.2　默认值参数

在定义函数时，Python 支持默认值参数，即可以为形参设置默认值。当调用带有默认值参数的函数时，可以不用为设置了默认值的形参传值，此时函数将直接使用函数定义时设置的默认值，当然也可以通过显式赋值来替换其默认值。当定义带有默认值参数的函数时，默认值参数右侧不能出现没有默认值的普通位置参数，否则会提示语法错误。带有默认值参数的函数定义语法如下。

```
def 函数名（ ...,形参名 = 默认值 ）:
    函数体
```

例如下面的函数定义：

```
def say( message, times = 1 ):
    print((message+' ') * times)
say('Hello')  # 默认参数为 1 次
say('Hello world',2)  # 定义为 2 次
```

运行结果如下。

```
Hello
Hello world Hello world
```

### 5.2.3 关键字参数

关键字参数主要指调用函数时的参数传递方式，关键字参数可以按参数名字传递值，明确指定哪个值传递给哪个参数，实参顺序可以和形参顺序不一致，但不影响参数值的传递结果，避免了用户需要牢记参数位置和顺序的麻烦，使得函数的调用和参数传递更加灵活方便。

```
def demo(a, b, c = 5):
    print(a,b,c)
demo(3,7)
demo(c = 8, a = 9, b = 0)
```

运行结果如下。

```
3 7 5
9 0 8
```

### 5.2.4 可变参数

可变参数在定义函数时主要有两种形式：*parameter 和**parameter，前者接收任意多个位置的实参并将其放在一个元组中，后者接收多个关键字参数并将其放入字典中。下面的代码演示了第一种形式的可变参数的用法，无论调用该函数时传递了多少实参，均将其放入元组中。

```
def demo(*p):
    print(p)
demo(1,2,3)
```

运行结果：(1,2,3)

```
def demo(**p):
    for item in p.items():
        print(item)
demo(x = 1, y = 2, z = 3)
```

运行结果如下。

```
('x', 1)
('y', 2)
('z', 3)
```

## 5.3 基本函数

Python 内置基本函数不需要额外导入任何模块即可使用，具有非常快的运行速度，推荐优先使用。这些内置函数涉及数学运算、类型转换、序列操作、对象操作、交互操作、文件操作等。

### 5.3.1 基本输入/输出函数

input()和 print()是 Python 的基本输入/输出函数，input()用来接收用户通过键盘输入的内容，print()用来把数据以指定的格式输出到标准控制台或指定的文件对象。无论用户输入什么内容，input()均将其作为字符串，必要的时候可以使用内置函数 int()、float()或 eval()对用户输入的内容进行类型转换。

```
x = input('Please input: ')  # Please input 是 input()函数中输入参数的提示信息
# 运行程序输入 345，内容如：Please input:345
print(x) # 打印输出结果
```

运行结果：'345'。

```
type(x)
# 把用户的输入作为字符串
```

运行结果：<class 'str'>。

内置函数 print()用于将信息输出到标准控制台或指定的文件对象，语法格式如下。

```
print(value1, value2, ..., sep = ' ', end = '\n', file = sys.stdout, flush = False)
```

其中，sep 参数之前为需要输出的内容（可以有多个）；sep 参数用于指定数据之间的分隔符，默认为空格。

```
print(1, 3, 5, 7, sep = '\t')
# 修改默认分隔符
1 3 5 7
for i in range(10):
    # 修改 end 参数，每个输出之后不换行
    print(i, end = ' ')
```

运行结果：0 1 2 3 4 5 6 7 8 9

### 5.3.2　最值与求和函数

max()、min()、sum()这 3 个内置函数分别用于计算列表、元组或其他包含有限个元素的可迭代对象中所有元素的最大值、最小值及所有元素之和。下面的代码首先使用列表推导式生成包含 10 个随机数的列表，然后分别计算该列表的最大值、最小值、所有元素之和。

```
from random import randint
a = [randint(1,100) for i in range(10)]
# 包含 10 个 [1,100] 中随机数的列表
print(max(a),min(a),sum(a)) # 最大值、最小值、所有元素之和
```

运行结果：83 3 500

函数 max(0)和 min(0)还支持 key 参数，用来指定比较大小的依据或规则，可以是函数或 lambda 表达式。

```
max([2,111])
```

运行结果：111

```
max(['2', '111'])
#不指定排序规则
```

运行结果：'2'

```
max(['2', '111'], key = len)
#返回最长的字符串
```

运行结果：'111'

### 5.3.3　排序函数

#### 1. sorted()函数

sorted()函数可以对列表、元组、字典、集合或其他可迭代对象进行排序并返回新列表，默认

是升序排列。sorted()函数的功能非常强大，可以根据实际需求设置其参数，语法如下。

```
sorted(iterable, cmp = None, key = None, reverse = False)
```

参数说明如下。

（1）iterable：可迭代对象。

（2）cmp：比较函数，该函数有两个参数，参数的值都是从可迭代对象中取出的。该函数必须遵守的规则为：大于则返回 1，小于则返回-1，等于则返回 0。

（3）key：主要是用来进行比较的元素，只有一个参数，具体的函数的参数取自可迭代对象，指定可迭代对象中的一个元素来进行排序。

（4）reverse：排序规则，reverse = True 表示降序，reverse = False 表示升序（默认）。

```
x = [2, 4, 0, 6, 10, 7, 8, 3, 9, 1, 5]
sorted(x)
#以默认规则排列
```

运行结果：[0, 1, 2,3,4,5,6,7,8,9,10]

```
sorted(x,key = lambda item: len(str(item)),reverse = True)
#以指定规则降序排列
```

运行结果：[10, 2, 4, 0, 6, 7, 8, 3, 9, 1, 5]

```
sorted(x,key = str)
#以指定规则排列
```

运行结果：[0, 1, 10, 2, 3, 4, 5, 6, 7, 8, 9]

```
x
#不影响原来列表的元素顺序
```

运行结果：[2, 4, 0, 6, 10, 7, 8, 3, 9, 1, 5]

```
x = ['aaaa', 'bc', 'd', 'b', 'ba']
sorted(x, key = lambda item: (len(item), item))
#先按长度排序，如果长度一样，则正常排序
```

运行结果：['b', 'd', 'ba', 'bc', 'aaaa']

#### 2. reversed()函数

reversed()函数可以对可迭代对象（生成器对象和具有惰性求值特性的 zip、map、filter、enumerate 等类似对象除外）进行翻转（首尾交换），并返回可迭代的翻转对象。

```
list(reversed(x))
#翻转对象是可迭代的
```

运行结果：['ba', 'b', 'd', 'bc', 'aaaa']

### 5.3.4 枚举与迭代函数

enumerate()函数用来枚举可迭代对象中的元素，返回可迭代的枚举对象，其中每个元素都是包含索引和值的元组。在使用时，既可以把枚举对象转换为列表、元组、集合，又可以使用 for 循环直接遍历其中的元素。

```
list(enumerate('abcd'))
#枚举字符串中的元素
```

运行结果：[(0, 'a'), (1, 'b'), (2, 'c'), (3, 'd')]

```
list(enumerate(['Python' , 'Greate']))
```

```
#枚举列表中的元素
```

运行结果：[(0, 'Python'), (1, 'Greate')]

```
for index,value in enumerate(range(10,15)):
    print((index, value), end = ' ')
```

运行结果：(0, 10)  (1, 11) (2, 12) (3, 13) (4,14)

### 5.3.5　range()函数和 zip()函数

range()函数是 Python 开发中常用的一个内置函数，zip()函数用来把多个可迭代对象中对应位置上的元素重新组合到一起，返回一个可迭代的压缩对象，其中每个元素都是包含原来多个可迭代对象对应位置上元素的元组，最终结果中包含的元素个数取决于所有参数序列或可迭代对象中最短的那个，用法如表 5-1 所示。

表 5-1　range()函数和 zip()函数用法

| 函数 | 功能简要说明 |
| --- | --- |
| range([start,] end [, step] ) | 返回 range 对象，其中包含左闭右开区间[start,end)内以 step 为步长的整数 |
| zip(seq1 [, seq2 [...]]) | 返回压缩对象，其中元素为(seq1[i], seq2[i], ...)形式的元组，最终结果中包含的元素个数取决于所有参数序列或可迭代对象中最短的那个 |

```
range(5)
#start 默认值为 0,step 默认值为 1
```

运行结果：range(0,5)

```
list(range(1, 10, 2))
# 指定起始值和步长
```

运行结果：[1,3,5,7,9]

```
list(zip('abcd', [1, 2, 3]))
# 压缩字符串和列表
```

运行结果：[('a', 1), ('b', 2), ('c', 3)]

```
list(zip('abcd'))
# 1 个序列也可以压缩
```

运行结果：[('a',), ('b',), ('c',), ('d',)]

```
list(zip('123' , 'abc' , ',.!'))
#压缩 3 个序列
```

运行结果：[('1', 'a', ',') , ('2', 'b', '.'), ('3', 'c' , '!')]

### 5.3.6　项目实训——查询城市所在省份

#### 1. 实验需求

用户输入一个城市的名称，程序通过计算，输出城市所在的省份。

#### 2. 实验步骤

（1）定义函数；

（2）在函数中构建省份和城市列表；

（3）使用城市列表的 count 方法，找到省份列表对应的下标；

（4）获取应用的省份信息，并返回；

（5）使用循环，调用函数。

**3. 代码实现**

```
def find_city(test):
    pro = ["广东","四川","贵州","不存在"]
    city = [["广州","深圳","惠州","珠海"],["成都","内江","乐山"],["贵阳","六盘水","遵义"]]
    city2 = str(city)
    value = pro[city2.count(']',0,city2.find(test))]
    return value

while True:
    test = input('请输入查询的城市名称：')
    city = find_city(test)
    print('查询结果：', city)
```

输出结果如下。

```
请输入查询的城市名称：贵阳
查询结果：贵州
```

**4. 代码分析**

函数是一段可实现特定功能的代码块，此处函数的功能是传入城市参数，return 返回省份。本项目的重点是对有参函数和返回值的应用，而且定义函数能避免编辑大量重复代码，进而提高代码效率。

## 5.4 函数进阶

### 5.4.1 匿名函数

lambda 表达式常用来声明匿名函数，也就是没有函数名字的、临时使用的小函数，常用在临时需要一种类似于函数的功能但又不想定义函数的场合。lambda 表达式只能包含一个表达式，不允许包含复杂语句和结构，但在表达式中可以调用其他函数，该表达式的计算结果相当于函数的返回值。下面的代码演示了不同情况下 lambda 表达式的应用。

```
f = lambda x,y,z: x+y+z
print(f(1, 2, 3))                        # 把 lambda 表达式当作函数使用
```

运行结果：6

```
g = lambda x, y = 2, z = 3: x+y+z        # 支持默认值参数
print(g(1))
```

运行结果：6

```
l = [1,2,3,4,5]
list(map(lambda x: x+10,l))              # lambda 表达式作为函数参数
```

运行结果：[11, 12, 13, 14, 15]

### 5.4.2 生成器函数

函数体中包含 yield 关键字的函数被称作生成器函数。生成器函数调用后返回生成器对象。生

成器函数体不会在生成器函数调用时立即执行。

next(generator)可以获取生成器函数生成的生成器对象的下一个值。

generator.send(arg)可以获取生成器函数生成的生成器对象的下一个值。同时，会将 arg 的值传递给需要获取 yield 返回值的对象。

```
def gen():
    print('111111')
    yield '111111'
    print('222222')
    yield '222222'
    print('333333')
    yield '333333'
g = gen()
print(g)      # <generator object gen at 0x0026BBF0>
next(g)       # 111111
next(g)       # 222222
next(g)       # 333333
next(g)       # 程序运行错误
```

运行结果如下。

```
<generator object gen at 0x000001EA1D473138>
111111
222222
333333
Traceback (most recent call last):
  File "C: /Users/yutengfei405/Desktop/11.py", line 13, in <module>
    next(g)
StopIteration
```

```
def func1():                    # 生成器函数
    print("ok1")
    x = 10                      # 函数内局部变量 x 赋值为 10
    print(x)
    x = yield 1                 # 这是 send()函数的关键
    print(x)
    yield 2                     # 这里是第二个断点
f1 = func1()                    # 获取生成器对象
# print(f1)
ret1 = next(f1)                 # 运行到第一个 yield
print(ret1)                     # 输出第一个 yield 返回的值
############################################
ret2 = f1.send('eee')           # 将 x 赋值为 send()方法的参数，并且继续执行到下一个 yield
```

运行结果如下。

```
ok1
10
1
eee
```

### 5.4.3 项目实训——编写生成斐波那契数列的生成器函数

**1. 实验需求**

斐波那契数列：前两个数的和为第三个数，如：1,1,2,3,5……。

**2. 实验步骤**

（1）创建函数；
（2）函数中需要先给出前两项的值；
（3）使用循环和 yield 生成器；
（4）使用元组特性自动组包和自动解包，进行变量赋值；
（5）next 接收 yield 生成器的值；
（6）print(,end=“ ”)中的 end 是两个 print 间的拼接方式；
（7）循环输出斐波那契数列。

**3. 代码实现**

```
def f():
    a,b = 1,1
    # 序列解包，同时为多个元素赋值
    while True:
        yield a
        #暂停执行，需要时再产生一个新元素
        a, b = b, a+b
        #序列解包，继续生成新元素
    g = f()
    #创建生成器对象
    for i in range(10):
        #斐波那契数列中前 10 个元素
        print(next(g), end = ' ')
```

运行结果：1 1 2 3 5 8 13 21 34 55

**4. 代码分析**

本项目的难点在于生成器 yield 和调度器 next 的使用，重点是函数运用和对斐波那契数列的认识。

## 5.5 变量作用域

变量的作用域指的是变量的有效范围。变量并不是在哪个位置都可以被访问的，访问权限取决于这个变量是在哪里赋值的，也就是在哪个作用域内，通常来说，局部变量只能在其被声明的函数内部被访问，而全局变量可以在整个程序范围内被访问。

### 5.5.1 局部变量

局部变量是在某个函数内部声明的，只能在函数内部使用，如果超出使用范围（在函数外部），则会报错。在函数内部，如果局部变量与全局变量的变量名一样，则优先调用局部变量。相关程序示例如下。

```
def func():
    a = 25        # 局部变量
    print(a)
func()
```

运行结果：25

### 5.5.2　全局变量

全局变量和局部变量的区别在于作用域不同，全局变量在整个.py 文件中声明，可以作用于全局范围，使用时需要注意以下情况。

（1）程序中全局变量与局部变量可以重名，二者互不影响。

（2）如果想在函数内部改变全局变量，需要在前面加上“global”关键字，在执行函数之后，全局变量的值也会改变。

（3）如果全局变量是列表类型，可以通过 list 的列表方法对列表进行修改，并且可以不用“global”来声明。

相关程序示例如下。

```
a = 100                    # 全局变量
def func():
    a = 25                 # 局部变量
    print(a)
print(a)                   # 输出全局变量
func()                     # 输出局部变量
```

运行结果如下。

```
100
25
```

```
a = 100                    # 全局变量
def func():
    global a               # 修改全局变量
    a = 200
    print(a)
print(a)                   # 输出全局变量
func()
print(a)                   # 改变后的全局变量
```

运行结果如下。

```
100
200
200
```

```
list_1 = [1,2,56,"list"]
def changeList():
    list_1.append("over")
    print(list_1)
changeList()
print(list_1)
```

运行结果如下。

[1, 2, 56, 'list', 'over']
[1, 2, 56, 'list', 'over']

### 5.5.3 项目实训——输出杨辉三角

**1. 实验需求**

输出杨辉三角的核心思想是生成一个数列，该数列中的每一个元素都是前一个数列中同样位置的元素和前一个元素的和，要求用 Python 编码输出杨辉三角。

**2. 实验步骤**

（1）建立函数；
（2）传入参数，循环传入生成器；
（3）通过生成器，循环输出。

**3. 代码实现**

```
def yhsj(max):
    n = 0
    row = [1]
    while (n<max):
        n + = 1
        yield(row)
        row = [1] + [row[k] + row[k + 1] for k in range(len(row) - 1)] + [1]
y = yhsj(5)
for i in y:
    print(i)
```

输出结果如下。

```
[1]
[1, 1]
[1, 2, 1]
[1, 3, 3, 1]
[1, 4, 6, 4, 1]
```

**4. 代码分析**

本项目的重点在于函数参数的输入，通过生成器导出局部变量，掌握变量规则。

## 5.6 项目实训——绘制彩色螺旋图

**1. 实验需求**

基于 Python 绘图标准库 turtle，通过函数的传入参数，实现不同图形的绘制。

**2. 实验步骤**

（1）导入标准库 turtle；

（2）创建函数，设置形参：画笔执行次数、速度、背景；

（3）函数内部使用 turtle 绘图；

（4）绘制图形时用到颜色表示方式（0～255 是颜色的取值范围）；

（5）函数调用，传入不同实参，实现不同图形的绘制。

### 3. 代码实现

```
# 彩色螺旋图
import turtle        # turtle 是 Python 自带的绘图库
import random        # random 是 Python 自带的生成随机数的库
# speed 为绘图速度，0 为最大速度
# background_color 为画板颜色，默认的是黑色
def color_spiral(spiral_num,speed = 0,background_color = "black"):
    turtle.speed(speed)
    turtle.bgcolor(background_color)
    turtle.setpos(-20,20)                    # 初始位置
    turtle.colormode(255)                    # 颜色取值为 0～255
    for i in range(spiral_num):
        r = random.randint(0,255)            # 随机生成 0～255 的整数
        g = random.randint(0,255)            # 随机生成 0～255 的整数
        b = random.randint(0,255)            # 随机生成 0～255 的整数
        turtle.pencolor(r, g, b)             # 画笔颜色
        turtle.forward(40+i)                 # 画线长度
        turtle.right(91)                     # 顺时针旋转 91 度

    turtle.mainloop()                        # 结束时，页面停留

# 函数调用，传递 100 次画笔调用，速度为 0.2，背景为白色
color_spiral(300,0.2,"white")
```

运行结果如图 5-1 所示。

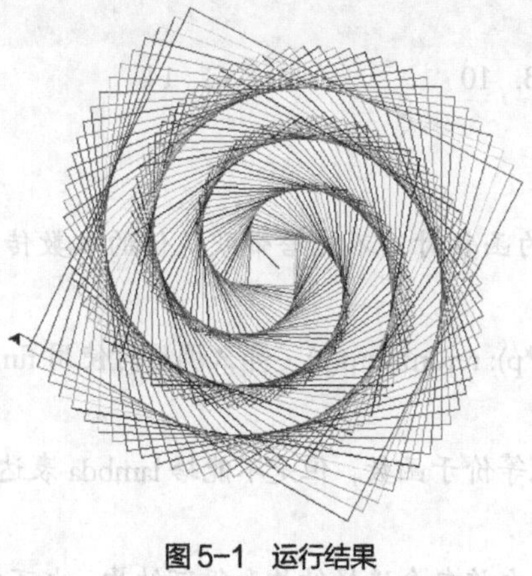

图 5-1　运行结果

### 4. 代码分析

本项目的重点是函数形参和实参的应用，难点是绘图库 turtle 的使用。

# 本章小结

本章主要介绍了函数的概念、函数的定义和调用、函数参数、基本函数和变量的作用域等。通过学习应熟练掌握函数的使用及变量作用域的识别，在定义和使用函数时，需要注意函数内外变量的作用域，对“global”关键字应能够灵活运用。匿名函数和生成器函数较难理解，需要结合案例进行反复学习和验证，理解其概念和使用方法。

# 习 题

## 一、选择题

1. 已知函数定义 def func(**p): return sum(p.values())，那么表达式 func(x = 1, y = 2, z = 3)的值为(　　)。

A. 'xyz'　　B. 2　　C. 6　　D. 3

2.（多选）下列哪种函数参数定义是合法的？（　　）

A. def myfunc(*args):　　B. def myfunc(arg1 = 1):

C. def myfunc(*args, a = 1):　　D. def myfunc(a = 1, **args):

3. 阅读下面的代码，分析其执行结果。(　　)

```
def demo(*p):
    return sum(p)
print(demo(1,2,3,4,5))
```

A. 15　　B. 16　　C. 14　　D. 6

4. 阅读下面的代码，分析其执行结果。(　　)

```
def demo(a, b, c = 3, d = 100):
    return sum((a,b,c,d))
print(demo(1, 2, 3, 4))
```

A. 15　　B. 10　　C. 14　　D. 6

## 二、判断题

1. 在调用带默认值参数的函数时，不能给带默认值的参数传递新的值，必须使用默认值。(　　)

2. 已知函数定义 def func(*p): return sum(p)，那么调用时使用 func(1,2,3)和 func(1,2,3,4,5)都是合法的。(　　)

3. lambda 表达式在功能上等价于函数，但是不能给 lambda 表达式命名，只能用其定义匿名函数。(　　)

4. 在 lambda 表达式中，不允许包含选择结构和循环结构，也不能在 lambda 表达式中调用其他函数。(　　)

5. 生成器函数的调用结果是确定的值。(　　)

6. 使用关键字参数调用函数时，必须记住每个参数的顺序和位置。(　　)

7. 已知不同的3个函数A、B、C，在函数A中调用了B，在函数B中又调用了C，这种调用方式称作递归调用。(　　)

**三、编程题**

1. 接收圆的半径作为参数，返回圆的面积。

2. 实现辗转相除法，接收两个整数，返回这两个整数的最大公约数。

3. 接收参数a和n，计算并返回形式如a+aa+aaa+aaaa+...+aaa...aaa的表达式的前n项的值，其中a为小于10的自然数。

4. 接收一个字符串，判断该字符串是否为“回文”(“回文”是指从前向后读和从后向前读是一样的)。

# 第6章 正则表达式

**本章导学**

正则表达式是一个特殊的字符序列，它有助于检查一个字符串是否与某种模式匹配。本章对正则表达式的基础进行详细阐述，对正则表达式的语法和匹配规则进行重点介绍，对常用的正则表达式的几个模块和方法（match 方法、search 方法、findall 方法）进行单独的讲解，并进行项目练习。

**学习目标**

（1）理解正则表达式的概念。

（2）掌握正则表达式的语法和使用方法。

（3）掌握正则表达式的匹配规则。

（4）掌握 re 模块的常用方法。

## 6.1 正则表达式基础

### 6.1.1 正则表达式概述

正则表达式是用于处理字符串的强大工具，拥有自己独特的语法和独立的处理引擎，它可能不如 str 自带的方法效率高，但功能十分强大。正则表达式不仅应用在 Python 中，在许多其他语言中也有广泛的运用。自 Python 1.5 版本起增加了 re 模块，re 模块使 Python 拥有全部的正则表达式功能。所有语言中的正则表达式的语法都是一样的，区别只在于不同的编程语言支持的语法数量不同。

### 6.1.2 正则表达式语法

正则表达式是对字符串［包括普通字符（例如：a ~ z 的字母）和特殊字符（称为“元字符”）］操作的一种逻辑公式，就是用事先定义好的一些特定字符和这些特定字符的组合，组成一个“规则字符串”，这个“规则字符串”用来表达对字符串的一种过滤逻辑。正则表达式是一种文本模式，该模式描述在搜索文本时要匹配的一个或多个字符串。

正则表达式使用匹配语法和方法配合，先规定好一些特殊字符的匹配规则，然后将这些字符进行组合来匹配各种复杂的字符串场景，如下。

```
re.search(pattern, string, flags = 0)
```

pattern：匹配的正则表达式。

string：要匹配的字符串。

flags：标识位，用于控制正则表达式的匹配方式，默认为 0。

search 的方法列表如表 6-1 所示。

表 6-1　search 的方法列表

| 方法名称 | 作用 |
|---|---|
| group | 以 str 形式返回对象中 search 的元素 |
| start | 返回开始位置 |
| end | 返回结束位置 |
| span | 以 tuple 形式返回范围 |

### 1. 普通字符

字母、数字、汉字、下画线以及没有特殊定义的符号都是“普通字符”。正则表达式中的普通字符只匹配与自身相同的一个字符。相关示例如下。

```
import re
print(re.search('tion', 'function').span()) # 在“function”中查找“tion”并返回索引位置
```

运行结果：(4, 8)

### 2. 元字符

正则表达式元字符用来表示一些特殊的含义或功能，如表 6-2 所示。

表 6-2　正则表达式元字符列表

| 表达式 | 匹配 |
|---|---|
| . | 小数点可以匹配除了换行符“\n”以外的任意一个字符 |
| \| | 逻辑或操作符 |
| [] | 匹配字符集中的一个字符 |
| [^] | 对字符集求反，尖号必须在方括号内，且在最前面 |
| - | 定义“[]”中的一个字符区间，如[a-z] |
| \ | 对紧跟其后的一个字符进行转义 |
| () | 对表达式进行分组，将圆括号内的内容当作一个整体，并获得匹配的值 |

相关程序示例如下。

```
import re
print(re.search('f|t', 'function')) # 在“function”中查找“f”或“t”并返回索引位置
print(re.search('f|t', 'function').span())
```

运行结果如下。

```
<re.Match object; span = (0, 1), match = 'f'>
(0, 1)
```

### 3. 转义字符

对于一些无法书写或者具有特殊功能的字符，可在前面加斜杠“\”进行转义，转义字符如表 6-3 所示。

表 6-3　　转义字符列表

| 表达式 | 匹配 |
| --- | --- |
| \r,\n | 匹配回车和换行符 |
| \t | 匹配制表符 |
| \\ | 匹配斜杠“\” |
| \^ | 匹配“^”符号 |
| \$ | 匹配“$”符号 |
| \. | 匹配小数点“.” |

相关程序示例如下。

```
import re
print(re.search('\.', 'functi.on')) # 在“function”中查找“.”并返回索引位置
print(re.search('\.', 'functi.on').span())
```

运行结果如下。

```
<re.Match object; span = (6, 7), match = '.'>
(6, 7)
```

### 4. 预定义匹配字符集

正则表达式中的一些表示方法可以同时匹配某个预定义字符集中的任意一个字符，比如，表达式“\d”可以匹配任意一个数字。虽然可以匹配任意字符，但是只能是一个，不能是多个，如表 6-4 所示，注意大小写。

表 6-4　　预定义匹配字符集

| 表达式 | 匹配 |
| --- | --- |
| \d | 任意一个数字，0 ~ 9 中的任意一个 |
| \w | 任意一个字母或数字或下画线，即 A ~ Z、a ~ z、0 ~ 9、_ 中的任意一个 |
| \s | 空格、制表符、换页符等空白字符中的任意一个 |
| \D | \d 的反集，即非数字的任意一个字符，等同于[^\d] |
| \W | \w 的反集，即[^\w] |
| \S | \s 的反集，即[^\s] |

相关程序示例如下。

```
import re
print(re.search('\d.', 'abc123'))        # 在“abc123”中查找数字并返回索引位置
print(re.search('\d.', 'abc123').span())
```

运行结果如下。

```
<re.Match object; span = (3, 5), match = '12'>
(3, 5)
```

### 6.1.3 常用匹配规则

#### 1. 重复匹配

前面介绍的表达式，无论是只能匹配一种字符的表达式，还是可以匹配多种字符中任意一个字符的表达式，都只能匹配一次。当需要对某个片段进行重复匹配时，可以使用表达式加上修饰匹配次数的特殊符号“{}”，这样，不用重复书写表达式就可以重复匹配，比如“[abcd][abcd]”可以写成“[abcd]{2}”，重复匹配的规则如表 6-5 所示。

表 6-5 重复匹配规则

| 表达式 | 匹配 |
|---|---|
| {n} | 表达式重复 n 次，比如\d{2}相当于\d\d,a{3}相当于 aaa |
| {m,n} | 表达式至少重复 m 次，最多重复 n 次，比如 ab{1,3}可以匹配 ab 或 abb 或 abbb |
| {m,} | 表达式至少重复 m 次，比如\w\d{2,}可以匹配 a12,_1111,M123 等 |
| ? | 匹配表达式 0 次或 1 次，相当于{0,1}，比如 a[cd]?可以匹配 a,ac,ad |
| + | 表达式至少出现 1 次，相当于{1,}，比如 a+b 可以匹配 ab,aab,aaab 等 |
| * | 表达式出现 0 到任意次，相当于{0,}，比如\^*b 可以匹配 b,^^^b 等 |

当进行匹配时需要注意字符和字符串，比如 ab{1,3}表示重复的是 b 而不是 ab，(ab){1,3}才表示重复的是 ab。相关程序示例如下。

```
import re
# group()函数，匹配的数据，以字符串返回
print(re.search('\d{2,3}', 'abc123').group())
print(re.search('\d{2,3}', 'abc1'))
```

运行结果如下。

```
123
None
```

#### 2. 位置匹配

如果对匹配出现的位置有要求，比如开头、结尾、单词之间等，就需要进行位置匹配，相应的规则如表 6-6 所示。

表 6-6 位置匹配规则

| 表达式 | 匹配 |
|---|---|
| ^ | 在字符串开始的地方匹配，符号本身不匹配任何字符 |
| $ | 在字符串结束的地方匹配，符号本身不匹配任何字符 |
| \b | 匹配一个单词边界，即单词和空格之间的位置，符号本身不匹配任何字符 |
| \B | 匹配非单词边界，即左右两边都是“\w”范围或者左右两边都不是“\w”范围时的字符缝隙 |

相关程序示例如下。

```
import re
print(re.search('^a', 'abc123a').span()) # 从开头匹配
print(re.search('a$', 'abc123a').span()) # 从结尾匹配
```

运行结果如下。

```
(0, 1)
(6, 7)
```

**3. 贪婪与非贪婪模式**

在重复匹配时，正则表达式默认“尽可能多地匹配”，这被称为贪婪模式。比如“*”匹配任意字符时会尽可能多地向后匹配，如果想阻止这种贪婪模式，需要加问号，以达到尽可能少地匹配的目的。同理，带有“*”和“{m,n}”的重复匹配表达式都是尽可能多地匹配，程序示例如下。

```
import re
html = '<h1> hello world </h1>'
# findall（）：在整个字符串中查找所有满足规则的字符，并返回列表
re.findall('<.*>', html)      # 贪婪模式默认匹配到所有内容
re.findall('<.*?>', html)     # 若想匹配两个标签的内容，可以加问号来阻止贪婪模式
```

运行结果如下。

```
['<h1> hello world </h1>']
['<h1>', '</h1>']
```

## 6.2 re 模块

正则表达式主要有 4 种处理字符串的功能：匹配、获取、替换和分割。匹配的功能是查看一个字符串是否符合正则表达式的语法，一般返回 True 或者 False；获取的功能是使用正则表达式来提取字符串中符合要求的文本；替换的功能是查找字符串中符合正则表达式的文本，并用相应的字符串替换；分割的功能是使用正则表达式对字符串进行分割。

### 6.2.1 match()方法

match()方法尝试从字符串的起始位置匹配一个模式，如果匹配成功，则返回匹配的信息。如果未从起始位置匹配成功，则返回 None，返回的匹配信息的调用方法如表 6-7 所示，语法结构如下。

```
re.match(pattern, string, flags = 0)
```

参数的功能如下。

pattern：匹配正则表达式。

string：匹配字符串。

flags：标识位，用于控制正则表达式的匹配方式，默认为 0。

表 6-7　　match()方法列表

| 方法名称 | 作用 |
| --- | --- |
| group() | 以 str 形式返回对象中匹配的元素 |
| start() | 返回开始位置 |

续表

| 方法名称 | 作用 |
|---|---|
| end() | 返回结束位置 |
| span() | 以 tuple 形式返回范围 |

相关练习如下。

```
import re
print(re.match('www.p', 'www.ptpress.com'))
print(re.match('www.p', 'www.ptpress.com').span())    # 在起始位置匹配
print(re.match('www.p', 'www.ptpress.com').start())
print(re.match('www.p', 'www.ptpress.com').end())
print(re.match('www.p', 'www.ptpress.com').group())
```

运行结果如下。

```
<re.Match object; span = (0, 5), match = 'www.p'>
(0, 5)
0
5
www.p
```

```
import re
print(re.match('ww.p', 'www.ptpress.com'))
```

运行结果：None

### 6.2.2　search()方法

search()方法会在整个字符串内查找模式匹配，直到找到第一个匹配对象然后返回一个包含匹配信息的对象，而 match()方法则必须从第一个字符查找，语法结构如下。

```
re.search(pattern, string, flags = 0)
```

各参数的功能如下。

pattern：匹配正则表达式。

string：匹配字符串。

flags：标识位，用于控制正则表达式的匹配方式，默认为 0。

使用 search()方法返回的结果和 match()方法一样，可以通过调用 group()方法、start()方法、end()方法、span()方法得到匹配的字符串，如果字符串没有匹配，则返回 None，相关程序示例如下。

```
import re
print(re.search("tion", "function")) # 从全文中查找
print(re.search("tion", "function").span())
print(re.search("tion1", "function"))
```

运行结果如下。

```
<re.Match object; span = (4, 8), match = 'tion'>
(4, 8)
None
```

### 6.2.3　findall()方法

findall()方法在整个字符串内查找模式匹配，找到并返回所有包含匹配信息的对象，match()方

法和 search()方法匹配的是一个结果，findall()方法匹配的是所有符合规则的结果。语法结构如下。

```
re.findall(pattern, string, flags = 0)
```

参数的功能如下。

pattern：匹配正则表达式。

string：匹配字符串。

flags：标识位，用于控制正则表达式的匹配方式，默认为 0。

使用 findall()方法，直接返回的是列表，不能使用 span()方法和 group()方法，相关程序示例如下。

```
import re
print(re.findall("tion", "functionfunction"))
print(re.findall("tion1", "functionfunction"))
```

运行结果如下。

```
['tion', 'tion']
[]
```

### 6.2.4 项目实训——邮箱验证

#### 1. 实验需求

设计一个程序，当用户输入注册的邮箱时，系统验证邮箱是否规范，具体要求如下。

（1）邮箱为 163 邮箱，后缀为@163.com。

（2）注册的邮箱名由数字、字母、下画线组成。

（3）注册的邮箱名字符长度不超过 19 位。

#### 2. 实验步骤

（1）导入 re 库；

（2）输入邮箱地址并将其存入变量；

（3）匹配正则表达式，完成对邮箱地址的验证，并输出验证的结果。

#### 3. 代码实现

```
import re
text = input("请输入邮箱：")
if re.match(r'[0-9a-zA-Z_]{0,19}@163.com', text):
    print('邮箱符合规范!')
else:
    print('邮箱不符合规范!')
```

运行结果如下。

```
请输入邮箱：123456@163.com
邮箱符合规范!
```

#### 4. 代码分析

该项目的难点是制定匹配的正则表达式，邮箱可视为由两部分组成，左边为邮箱账号，通常由数字、大小写字母和下画线组成；右边为域名，一般由字母、数字、下画线和小数点组成，中间用“@”分隔。

## 6.3　项目实训——用户名注册验证系统

### 1. 实验需求

此项目是根据网页中的注册用户名（有各种要求，比如长度、类型等），判断用户输入的注册名是否满足要求。

### 2. 实验步骤

（1）导入 Python 内置的正则库；
（2）创建函数，验证用户名长度是否是 8~16 位；
（3）验证用户名是否由数字、字母、下画线和一些特殊字符组成；
（4）验证是否是数字、字母、下画线和特殊字符中的两种；
（5）判断用户名是否已存在；
（6）输出用户名。

### 3. 代码实现

```
# 用户注册用户名验证系统
import re
# 验证用户名
# 1. 用户名长度为 8~16 位
# 2. 数字、字母、下画线和-!@#$%&*等特殊字符
def checking_username1(data):
    rule = "^[\w,-,!,@,#,$,%,&,*]{8,16}$"
    result = re.match(rule,data)
    return result
# 3.用户名必须由特殊符号和数字、字母、下画线中的至少一种组成
def checking_username2(data):
    normal_num = 0    # 正常数量
    special_num = 0   # 特殊数量
    rule_normal = "[\w]"
    rule_special = '[-!@#$%&*]'
    for i in data:
        if re.search(rule_normal, i):
            normal_num + = 1
        elif re.search(rule_special,i):
            special_num + = 1
    if normal_num> = 1 and special_num> = 1:
        return data

name_list = []
```

```
while True:
    print("""
    1.用户名长度为 8~16 位
    2.数字、字母、下画线和-!@#$%&*等特殊字符
    3.用户名必须由特殊符号和数字、字母、下画线中的至少一种组成
    """)
    username = input("请输入用户名：")
    if username:
        print("用户名不为空--已验证...")
        data = checking_username1(username)
        if data:
            print("用户名由 8~16 位数字、字母、下画线和-!@#$%&*等特殊字符组成--已验证")
            result = checking_username2(username)
            if result:
                print("用户名必须由特殊符号和数字、字母、下画线中的至少一种组成--已验证")
                if username not in name_list:  # 验证是否被注册过
                    name_list.append(username)
                    print("*"*20)
                    print("恭喜你，你输入的用户名可用！")
                else:
                    print("你注册的用户名已存在，请重新注册")
                    continue
            else:
                print("用户名不符合规则，请重新输入")
                continue
        else:
            print("用户名不符合规则，请重新输入")
            continue
    else:
        print("用户名不能为空,请重新输入...")
        continue
```

运行结果如下。

```
    1.用户名长度为 8~16 位
    2.数字、字母、下画线和-!@#$%&*等特殊字符
    3.用户名必须由特殊符号和数字、字母、下画线中的至少一种组成

请输入用户名：zhangsan!
用户名不为空--已验证...
用户名由 8~16 位的数字、字母、下画线和-!@#$%&*等特殊字符组成--已验证
用户名必须由特殊符号和数字、字母、下画线中的至少一种组成--已验证
********************
恭喜你，你输入的用户名可用！
```

**4．代码分析**

本项目的重点是正则语法的应用，通过循环层层验证，得到需要的用户名。

## 本章小结

本章主要介绍了正则表达式的概念、语法和使用方法，以及正则表达式的匹配规则和方法，并对相应的程序进行了剖析和练习。正则表达式常被用来检索、替换某些符合某种规则的文本，灵活运用正则表达式会极大地精简程序，提高程序的运行速度。

## 习　题

### 一、选择题

1. 在 Python 中，正则表达式导入的语句为（　　）。

   A. import os　　B. import sys

   C. import wx　　D. import re

2. （多选）Python 与正则表达式“<[^” ]*?>”匹配的字符串包括（　）。

   A. <h1>　　B. < h1 class = ' Title ' >

   C. <>　　D. < h1 class = "Title" >

3. 正则表达式元字符（　　）用来表示该符号前面的字符或子模式 0 次或多次出现。

   A. +　　B. ^　　C. *　　D. |

4. 已知 x = 'a234b123c'，并且已导入 re 模块，则表达式 re.split('\d+', x) 的值为（　）。

   A. ['a', 'b', 'c']　　B. 'abc'　　C. 'a', 'b', 'c'　　D. ['a', '234b', '123c']

5. （多选）下列关于正则表达式的叙述错误的是（　）。

   A. 正则表达式元字符“^”一般用来表示从字符串开始处进行匹配，如果用在一对方括号中，则表示反向匹配，不匹配方括号中的字符

   B. 正则表达式元字符“\s”用来匹配任意空白字符

   C. 正则表达式'python|perl'或'p(ython|erl)'都可以匹配'python'或'perl'

   D. 正则表达式'^\d{18}|\d{15}$'可检查给定字符串是否为 18 位或 15 位数字字符，并保证一定是合法的身份证号

### 二、程序设计题

1. 写一个正则表达式，使其能同时识别下面所有字符串：'bat'、'bit'、'but'、'hat'、'hit'、'hut'。
2. 匹配一行文字中所有开头的数字内容或数字内容。
3. 使用正则表达式匹配合法的邮件地址。

# 第7章 面向对象程序设计

**本章导学**

面向对象的程序设计思想是以类为基础，将对象的行为和数据进行封装，通过对象之间的消息传递来完成系统开发，是时下最流行的软件设计思想之一。而 Python 是一种面向对象的语言，在 Python 中一切皆为对象，无论是数字、字符串，还是列表、字典，甚至函数都是对象。在 Python 中，自定义对象是从类中创建的，类相当于对象模板，本章将对类和对象的内容进行详细介绍。

**学习目标**

（1）理解面向对象的思想，明确类和对象的含义。

（2）掌握定义和使用类及类对象的方法。

（3）掌握类成员继承的方法。

（4）了解类的使用属性和方法。

（5）了解并能够应用类的方法重载和运算符重载。

## 7.1 定义和使用类

编程语言的一般编程模式有以下 3 种。

（1）面向过程：根据业务逻辑从上到下写代码。

（2）函数式：将某功能代码封装到函数中，日后无须重复编写，仅调用函数即可。

（3）面向对象：对函数进行分类和封装，让程序开发更好、更快、更强。

面向过程编程一般是用一段长代码来实现指定功能；函数式编程是定义若干子函数，通过调用子函数实现程序功能；面向对象编程则是定义一个对象，通过面向对象的方式实现功能的调用，使得程序开发更快、更简单。高级语言基本都支持面向对象的编程方法，由于 Python 从设计之初就是一种面向对象的语言，因此，在 Python 中创建类和对象是很容易的。以下将详细介绍 Python 的面向对象编程。

### 7.1.1 面向对象简介

面向对象编程是一种封装代码的方法。在面向对象的编程过程中，对象是拥有具体属性值和操作功能的实体。对象属性值是一个对象区别于同类的其他对象的标识；而对象中封装的方法则体现为对象的功能，表示程序通过对象可以执行的操作。在 Python 中所有的变量其实都是对象，包括整型、浮点型、字符串、列表、元组、字典和集合。以字典为例，它包含多个函数，例如使用 keys() 能够获取字典中所有的键、使用 values()能够获取字典中所有的值、使用 item()能够获取字典中所有的键-值对等。

### 7.1.2　类定义和类对象

Python 中的自定义类型对象从类中创建而来，类可以理解为对象的模板，其中定义了同类对象应该具有的属性，以及应该提供的功能方法。类是一个抽象的概念，而对象是类具象化的结果，比如汽车就相当于一个类，人们一旦提到它，就能联想到其具有行驶的功能，而车型、重量、最大行驶速度等是汽车应该具有的属性。一辆汽车是一个对象，在这个对象中，车型、重量等属性有了具体的值。Python 定义类的简单语法如下。

```
class 类名:
    执行语句...
    零到多个类变量...
    零到多个方法...
```

类名应是一个合法的标识符，为了程序的可读性，Python 的类名通常是由一个或多个有意义的单词连缀而成的，每个单词首字母大写，其他字母小写，单词与单词之间不使用任何分隔符。Python 的类定义由类头（指 class 关键字和类名部分）和统一缩进的类体构成，在类体中最主要的两个成员就是类变量和方法。实例方法的第一个参数会被绑定到方法的调用者（该类的实例），因此，实例方法至少应该定义一个参数，该参数通常被命名为 self。如果开发者没有为该类定义任何构造方法，那么 Python 会自动为该类定义一个只包含一个 self 参数的默认的构造方法。这里定义了一个 Person 类，示例代码如下。

```
class Person:
    hair = 'black'    # 定义了一个类变量
    def __init__(self, name = 'Charlie', age = 8):   # 为 Person 对象增加两个实例变量
        self.name = name
        self.age = age
    def say(self, content):      # 定义了一个 say 方法
        print(content)
a = Person('sam')                # 新创建一个 Person 类的 a 对象
print(a.name)                    # 输出 a 的 name 属性
a.say('Hello')                   # 使用 a 的 say 方法
```

运行结果如下。

```
sam
Hello
```

## 7.2　继承

在程序中，继承描述的是多个类之间的所属关系。如果类 A 的属性和方法可以复用，则可以通过继承的方式传递到类 B。那么类 A 就是基类，也叫作父类，类 B 就是派生类，也叫作子类。类 B 通过继承能够使用类 A 的方法和属性。

### 7.2.1　单继承

子类只继承一个父类，如果类 B 只继承一个父类 A，那么类 B 的定义如下。

```
# object 是所有类
class A(object): # 一个新类
    def a_func1(self):
        print("a_function1")

class B(A): # 单继承，继承类 A
    def b_func1(self):
        print("b_function1")

john = B() # 给类 B 实例化一个对象
john.b_func1()    # 类 B 自己的方法
john.a_func1()    # 类 B 继承了类 A，所以能够直接使用类 A 的方法
```

运行结果如下。

```
b_function1
a_function1
```

### 7.2.2　多继承

子类继承多个父类，如果类 B 继承了类 A 和类 C，那么类 B 的定义如下。

```
class B(A,C):
    pass
```

相关程序示例如下。

```
class A(object): # 一个新类
    def a_func1(self):
        print("a_function1")

class C(object): # 一个新类
    def c_func1(self):
        print("c_function1")

class B(A, C): # 多继承，继承了类 A 和类 C
    def b_func1(self):
        print("b_function1")

john = B() # 给类 B 实例化一个对象
john.b_func1()    # 类 B 自己的方法
john.a_func1()    # 类 B 继承了类 A，所以能够直接使用类 A 的方法
john.c_func1()    # 类 B 继承了类 C，所以能够直接使用类 C 的方法
```

运行结果如下。

```
b_function1
a_function1
c_function1
```

### 7.2.3　方法重载

#### 1. 概念

重载是对继承的父类方法进行重新定义。重载可以重新定义方法，也可以重新定义运算符。继承的类不一定能满足当前类的需求，在当前类中需要修改部分内容以满足自己的需求。

#### 2. 特点

（1）减少代码量和灵活指定类型；
（2）子类具有父类的方法和属性；
（3）子类不能继承父类的私有方法或属性；
（4）子类可以添加新的方法；
（5）子类可以修改父类的方法。

#### 3. 方法重载示例

```
class human(object):
    __name = ''    # 定义属性
    __sex = 0
    __age = 0
    def __init__(self, sex, age):
        self.__sex = sex
        self.__age = age
    def set_name(self,name):
        self.__name = name

    def show(self):
        print(self.__name, self.__sex, self.__age)

class student(human): # 继承 human 类
    __classes = 0
    __grade = 0
    __num = 0
    def __init__(self, classes,grade,num,sex,age):    # 重载__init__方法
        self.__classes = classes
        self.__grade = grade
        self.__num = num
        human.__init__(self, sex, age)
    def show(self):    # 重载 show 方法
        human.show(self)
        print(self.__classes,self.__grade,self.__num)

a = student('计算机 1 班','大二',20200218,'男',19)
a.set_name('小明')
a.show()
```

运行结果如下。

小明 男 19
计算机 1 班 大二 20200218

### 7.2.4 运算符重载

运算符重载是在类方法中拦截内置的操作。当类的实例出现在内置操作中时，Python 会自动调用重新定义的方法，并将重新定义方法的返回值变成相应操作的结果。运算符重载可以让自定义的类生成的对象使用运算符进行操作，常用的运算符重载如表 7-1 所示。

表 7-1　常用的运算符重载

| 方法名 | 运算符和表达式 | 说明 |
| --- | --- | --- |
| __add__(self,rhs) | self + rhs | 加法 |
| __sub__(self,rhs) | self – rhs | 减法 |
| __mul__(self,rhs) | self * rhs | 乘法 |
| __truediv__(self,rhs) | self / rhs | 除法 |
| __floordiv__(self,rhs) | self // rhs | 地板除 |
| __mod__(self,rhs) | self % rhs | 取模（求余） |
| __pow__(self,rhs) | self ** rhs | 幂运算 |

相关的程序示例如下。

```
class Mynumber:
    def __init__(self, v):
        self.data = v
    def __repr__(self):              # 消除两边的尖括号
        return "Mynumber(%d)"%self.data

    def __add__(self, other):        # 此方法用来制定 self + other 的规则
        v = self.data + other.data
        return Mynumber(v)           # 用 v 创建一个新的对象返回给调用者

    def __sub__(self, other):        # 此方法用来制定 self - other 的规则
        v = self.data - other.data
        return Mynumber(v)

n1 = Mynumber(100)
n2 = Mynumber(200)
n3 = n1+n2        # n3 = n1.__add__(n2)
print(n3)     # Mynumber(300)
n4 = n3 - n2        # n4 = n3.__sub__(n2)
print("n4 = ", n4)
```

运行结果如下。

Mynumber(300)
n4 = Mynumber(100)

## 7.3　类的属性与方法

类的属性和方法都分为私有和公有，公有的属性和方法可以在内部和外部使用，私有的只能在本类中使用，而外部是无法访问的。

定义属性的语法格式如下。

```
class 类名:
    def __init__(self):
        self.变量名 1 = 值 1            # 定义一个公有属性
        self.__变量名 2 = 值 2          # 定义一个私有属性
```

定义方法（成员方法）的语法格式如下。

```
class 类名:
    def 方法名(self):                   # 定义一个公有方法
        pass
    def __方法名(self):                 # 定义一个私有方法
        pass
```

### 7.3.1　私有属性和私有方法

#### 1. 私有属性

在实际开发中，为了保证程序的安全，有关类的属性都会被封装起来。Python 中为了更好地保证属性安全，规定了一般属性的处理方式，如下。

（1）将属性定义为私有属性。

（2）添加一个可以调用的方法，供调用。Python 中用两个下画线开头，声明该属性为私有，不能在类的外部使用或直接访问，相关程序示例如下。

```
class Person1(object):
    country = 'china'  # 类属性
    __language = "Chinese"  # 私有类属性也不能直接从外部调用
    def __init__(self,name,age):
        self.name = name
        self.__age = age    # 使用“__”表示私有属性，不能直接调用对象，要通过方法调用

    def getAge(self):
        return self.__age

    def setAge(self,age):
        if age >100 or age <0:
            print("age is not true")
        else :
            self.__age = age

    def __str__(self):
        info = "name : "+self.name +'    age: '+str(self.__age)    # 注意这里不是 self.age
```

```
        return info

 # -------------------创建对象,调用方法，属性测试---------------------
stu1 = Person1("tom",18)
print("修改前的结果：",stu1.__str__())
stu1.name = "tom_2"    # 修改 stu1 的 name 属性
print("修改 name 后的结果：",stu1.__str__())
print(stu1.__age)    # 这里直接调用私有属性__age 报错
```

运行结果如下。

```
修改前的结果：name : tom     age：18
修改 name 后的结果：name : tom_2     age：18
AttributeError: 'Person1' object has no attribute '__age'
```

**2. 私有方法**

以两个下画线开头，声明该方法为私有方法，只能在类的内部调用，不能在类的外部调用。相关程序示例如下。

```
class Person5:
    def __p(self):
        print("这是私有方法")  # 内部函数也同样可以互相调用
    def p1(self):
        print("这是 p1 不是私有方法")
    def p2(self): # 这是 p2,可以调用 p1,也可以调用私有方法__p
        self.p1()
        self.__p()
 # 创建对象
c1 = Person5()
c1.p1()
c1.p2()
```

运行结果如下。

```
这是 p1 不是私有方法
这是 p1 不是私有方法
这是私有方法
```

### 7.3.2 魔术方法

在 Python 中以两个下画线开头的方法（__init__、__str__、__doc__、__new__等）被称为“魔术方法”。魔术方法在类或对象的某些事件被触发后会自动执行，如果希望根据自己的程序定制特殊功能的类，那么需要重写这些方法。使用 Python 的魔术方法的最大优势在于 Python 提供了简单的方法，让对象可以表现得像内置类型一样，常用的魔术方法如表 7-2 所示。

> **注意** Python 将所有以“__”（两个下画线）开头的类方法保留为魔术方法，所以在定义类方法时，除了上述魔术方法外，建议不要以“__”为前缀。

表 7-2　　　　　　　　　　　　常用的魔术方法列表

| 魔术方法 | 描述 |
|---|---|
| __new__ | 创建类并返回这个类的实例 |
| __init__ | 可理解为“构造函数”，在对象初始化的时候调用，使用传入的参数初始化该实例 |
| __del__ | 可理解为“析构函数”，在一个对象进行垃圾回收时调用 |
| __metaclass__ | 定义当前类的元类 |
| __class__ | 查看对象所属的类 |
| __base__ | 获取当前类的父类 |
| __bases__ | 获取当前类的所有父类 |
| __str__ | 定义当前类的实例的文本显示内容 |
| __getattribute__ | 定义属性被访问时的行为 |
| __getattr__ | 定义试图访问一个不存在的属性时的行为 |
| __setattr__ | 定义对属性进行赋值和修改操作时的行为 |
| __delattr__ | 定义删除属性时的行为 |
| __copy__ | 定义对象的实例，用 copy.copy()获得对象浅拷贝时所产生的行为 |
| __deepcopy__ | 定义对象的实例，用 copy.deepcopy()获得对象深拷贝时所产生的行为 |
| __eq__ | 定义相等符号“ = = ”的行为 |
| __ne__ | 定义不等符号“! = ”的行为 |
| __lt__ | 定义小于符号“<”的行为 |
| __gt__ | 定义大于符号“>”的行为 |
| __le__ | 定义小于等于符号“<= ”的行为 |
| __ge__ | 定义大于等于符号“>= ”的行为 |
| __add__ | 实现操作符“+”表示的加法 |
| __sub__ | 实现操作符“–”表示的减法 |
| __mul__ | 实现操作符“*”表示的乘法 |
| __div__ | 实现操作符“/”表示的除法 |
| __mod__ | 实现操作符“%”表示的取模（求余数） |
| __pow__ | 实现操作符“**”表示的指数操作 |
| __and__ | 实现按位与操作 |
| __or__ | 实现按位或操作 |
| __xor__ | 实现按位异或操作 |
| __len__ | 用于自定义容器类型，表示容器的长度 |
| __getitem__ | 用于自定义容器类型，定义当某一项被访问时，使用 self[key]所产生的行为 |
| __setitem__ | 用于自定义容器类型，定义执行 self[key] = value 时产生的行为 |
| __delitem__ | 用于自定义容器类型，定义一个项目被删除时的行为 |
| __iter__ | 用于自定义容器类型，一个容器迭代器 |
| __reversed__ | 用于自定义容器类型，定义当 reversed()被调用时的行为 |
| __contains__ | 用于自定义容器类型，定义当调用 in 和 not in 来测试成员是否存在时所产生的行为 |
| __missing__ | 用于自定义容器类型，定义在容器中找不到 key 时触发的行为 |

在创建对象时默认调用__init__()方法，不需要手动调用。在程序开发过程中，如果希望在创建对象的同时设置对象的属性，那么可以对__init__()方法进行改造，相关示例如下。

```
class Cat:
    def __init__(self,name):    # 重写了__init__魔术方法
        self.name = name

    def eat(self):
        return "%s 爱吃鱼"%self.name
    def drink(self):
        return '%s 爱喝水'%self.name

tom = Cat("Tom")    # 创建对象时，必须指定 name 属性的值
print(tom.eat())
```

运行结果：Tom 爱吃鱼

### 7.3.3 项目实训——创建商品信息

#### 1. 实验需求

使用类的属性和方法处理多种商品，判断药品是否过期。

#### 2. 实验步骤

（1）Medicine 类包含 4 个属性，分别为：药名 name、价格 price、生产日期 PD 和失效日期 Exp；

（2）Medicine 类包含 3 个方法，分别为：获取药品名称 get_name()、计算保质期 get_GP()、计算药品是否过期 is_expire()；

（3）商品名称和生产日期只能被查看，不能被修改。

#### 3. 代码实现

```
from datetime import datetime
class Medicine(object):
    def __init__(self, name, price,PD,Exp):
        self.name = name
        self.price = price
        self.PD = PD
        self.Exp = Exp
    def get_name(self):
        return self.name
    def get_GP(self):
        start = datetime.strptime(self.PD,'%Y-%m-%d')
        end = datetime.strptime(self.Exp,'%Y-%m-%d')
        GP = end-start
        return GP.days
    def is_expire(self):
        today = datetime.now()
```

```
        oldday = datetime.strptime(self.Exp, '%Y-%m-%d')
        if today>oldday:
            return True
        else:
            return  False

medicineObj = Medicine('感冒胶囊',100,'2019-1-1','2019-3-1')
print('name: ',medicineObj.get_name())
print('药品保质期为: ',medicineObj.get_GP())
print('药品是否过期: ','药品过期' if medicineObj.is_expire() else '药品未过期')
```

运行结果如下。

```
name: 感冒胶囊
药品保质期为: 59
药品是否过期: 药品过期
```

**4. 代码分析**

本项目的重点是类的使用，包含类变量和类方法的使用，读者应理解类对象的使用方式。

## 7.4 项目实训——射击游戏

**1. 实验需求**

射击游戏的规则是：创建人物，每个人物都有自己的名字和 7 发子弹，射击后子弹会减少，可以填充子弹。

**2. 实验步骤**

（1）创建类；
（2）设置类对象为 7 发子弹；
（3）设置属性，包括名字和性别；
（4）添加射击方法，实现子弹数的减少；
（5）添加展示子弹数的方法；
（6）添加填充子弹的方法，实现子弹数的增加。

**3. 代码实现**

```
class ShootingPeople:
    left_wheel_bullet = 7  # 左轮的子弹为 7 发
    def __init__(self, hero_name, gender):
        self.hero_name = hero_name
        self.gender = gender
    # 射击
    def shooting(self):
        if ShootingPeople.left_wheel_bullet > 0:
            ShootingPeople.left_wheel_bullet -= 1
```

```
            print("({}){}：你打了一枪".format(self.gender,self.hero_name))
        else:
            print("({}){}：你的子弹已空，请填充".format(self.gender,self.hero_name))

    # 显示子弹数
    def show(self):
        print("({}){}：你的枪里还有{}颗子弹：".format(self.gender,self.hero_name,ShootingPeople.left_
wheel_bullet))
    # 填充子弹
    def fill_bullet(self):
        if ShootingPeople.left_wheel_bullet < 7 :
            ShootingPeople.left_wheel_bullet + = 1
            print("({}){}：你已填充了一颗子弹".format(self.gender,self.hero_name))
        else:
            print("({}){}：你的弹量充足，尽情地游戏吧！".format(self.gender,self.hero_name))

if __name__ = = '__main__':
    hero = None
    while True:
        print("""
            1.创建人物指令：1
            2.开始游戏指令：2
            3.退出游戏指令：3
        """)
        order = input("请输入游戏指令：")
        if order = = "1":
            username = input("请输入游戏人物名：")
            select_gender = input("请选择性别（男：1,女：2）：")
            if select_gender = = "1":
                hero = ShootingPeople(username,"男")
            elif select_gender = = "2":
                hero = ShootingPeople(username, "女")
        elif order = = "2":
            if hero:
                print("游戏已开始...")
                while True:
                    print("""
                        1.射击指令：w
                        2.显示子弹：a
                        3.填充子弹：d
                        4.结束游戏：0
                    """)
                    operation = input("输入你的操作指令：")
                    if operation = = "w":
                        hero.shooting()
                    elif operation = = "a":
                        hero.show()
                    elif operation = = "d":
                        hero.fill_bullet()
```

```
                elif operation == "0":
                    print("游戏已结束...")
                    break
            else:
                print("未创建英雄，请创建...")
        elif order == "3":
            print("游戏已退出...")
            break
```

运行结果如下。

```
        1.创建人物指令：1
        2.开始游戏指令：2
        3.退出游戏指令：3
请输入游戏指令：1
请输入游戏人物名：赵云
请选择性别（男：1,女：2）：1
        1.创建人物指令：1
        2.开始游戏指令：2
        3.退出游戏指令：3

请输入游戏指令：2
游戏已开始...
                1.射击指令：w
                2.显示子弹：a
                3.填充子弹：d
                4.结束游戏：0
输入你的操作指令：a
(男)赵云：你的枪里还有 7 颗子弹：
                1.射击指令：w
                2.显示子弹：a
                3.填充子弹：d
                4.结束游戏：0

输入你的操作指令：w
(男)赵云：你打了一枪
                1.射击指令：w
                2.显示子弹：a
                3.填充子弹：d
                4.结束游戏：0

输入你的操作指令：a
(男)赵云：你的枪里还有 6 颗子弹：
                1.射击指令：w
                2.显示子弹：a
                3.填充子弹：d
                4.结束游戏：0

输入你的操作指令：d
(男)赵云：你已填充了一颗子弹
```

```
                1.射击指令：w
                2.显示子弹：a
                3.填充子弹：d
                4.结束游戏：0
输入你的操作指令：0
游戏已结束...
        1.创建人物指令：1
        2.开始游戏指令：2
        3.退出游戏指令：3

请输入游戏指令：3
游戏已退出...
```

**4. 代码分析**

本项目的重点在于类的应用和类变量的创建，当生成对象时，会创建英雄名和性别，模仿了流行的射击游戏的设计理念。

## 本章小结

本章主要介绍了 Python 面向对象程序设计的相关基础内容，包括定义和使用类的属性和方法、对类的继承、方法重载和运算符重载，以及魔术方法的使用等。Python 是一种面向对象的高级语言，初学者需要通过面向对象编程熟悉面向对象开发的思维和方法，熟练掌握类的定义和使用。

## 习　　题

### 一、选择题

1. 下面说法正确的是（　　）。
   A. 类是创建实例的模板，而实例则是一个个具体的对象，各个实例拥有的数据都互相独立，互不影响
   B. 方法就是与实例绑定的函数，和普通函数不同，方法可以直接访问实例的数据
   C. Python 允许对实例变量绑定任何数据
   D. 以上都正确
2. 下面说法正确的是（　　）。
   A. 公有方法和私有方法均可通过对象名直接调用
   B. 静态方法和类方法都可以通过类名和对象名调用，方法内部直接访问属于对象的成员
   C. 公有方法通过对象名直接调用，私有方法不能通过对象名直接调用，只能在属于对象的方法中通过 self 调用或在外部通过 Python 支持的特殊方式来调用
   D. 一般将 cls 作为类方法的第一个参数名称，也可以使用其他的名字作为参数，但是在调用类方法时必须为该参数传递值

3. 下列方法属于类中可以定义的方法成员的有（　　）。

A. 类方法　　B. 静态方法　　C. 对象方法　　D. 以上都是

4. lst_stu 中保存了一组 Student 对象，为了能直接对 lst_stu 应用 sorted()方法，不指定 key，需要在 Student 类中增加什么特殊方法？（　　）

A. __cmp__　　B. __str__　　C. __lt__　　D. __le__

5. good_1 和 good_2 是两个 Good 类的对象，如果希望输出 good_1+good_2 的结果，则需要为 Good 类增加什么特殊方法？（　　）

A. __add__　　B. __str__　　C. __lt__　　D. __le__

6. Student 类中包含了学生各科成绩的定义，为该类增加哪个方法成员可以实现对学生对象各科成绩进行遍历？（　　）

A. __cmp__　　B. __str__　　C. __lt__　　D. __iter__

## 二、编程题

定义一个 Person 类，包括两个私有数据成员__name 和__age，在构造函数中将其初始化为指定值，__age 的默认值是 0。为这两个数据成员编写读写属性并测试代码。

08

# 第8章 文件与目录操作

**本章导学**

在变量、序列和对象中存储数据是暂时的，程序结束后这些数据就会丢失。为了能够长时间地保存程序中的数据，需要将程序中的数据保存到磁盘文件中。Python 提供了内置的文件对象和对文件及目录进行操作的内置模块，通过这些技术可以很方便地将数据保存到文件中，以达到长时间保存数据的目的。

**学习目标**

（1）掌握创建、打开和关闭文件的方法。

（2）掌握写入和读取文件内容的方法。

（3）了解 os 和 os.path 模块的方法。

（4）掌握创建和删除目录的方法。

## 8.1 文件操作

### 8.1.1 文件的概念与分类

Python 能够以文本和二进制两种方式处理文件。文本文件一般由单一特定编码的字符组成，例如 UTF-8 编码，容易统一展示和阅读内容。二进制文件直接由比特 0 和 1 组成，没有统一的字符编码（二进制文件和文本文件最主要的区别在于二进制文件没有统一的字符编码）。二进制文件由于没有统一的字符编码，只能被当作字节流，而不能被看作字符串。在进行文件处理时，文本文件存储常规字符串，由若干文本行组成，通常每行以换行符“\n”结尾。二进制文件存储字节串形式的对象内容，通常为在 bin 目录下的可执行文件。

### 8.1.2 文件操作的语法

Python 内置了文件对象，通过 open()函数的指定模式打开指定的文件并创建文件对象。文件打开模式如表 8-1 所示，语法结构如下。

```
文件对象名 = open(文件名[,打开方式[,缓冲区]])
```

文件对象常用方法如表 8-2 所示。

表 8-1 文件打开模式

| 模式 | 描述 |
|---|---|
| r | 读模式，默认模式 |
| w | 写模式 |
| a | 追加模式 |
| b | 二进制模式（可与其他模式组合使用） |
| + | 读写模式（可与其他模式组合使用） |

表 8-2 文件对象常用方法

| 方法 | 描述 |
|---|---|
| file.close() | 关闭文件，关闭文件后不能再进行读写。注意文件打开后不要忘记关闭文件 |
| file.flush() | 刷新文件内部缓冲，应把内部缓冲区的数据立刻写入文件，而不是被动地等待缓冲区的写入（缓冲区好比计算机的内存） |
| file.fileno() | 返回一个整型的文件描述（file descriptor FD 整型），可以用在如 OS 模块的 read 方法等一些底层操作上 |
| file.isatty() | 如果文件连接到一个终端上，则返回 True；否则，返回 False |
| file.next() | 返回文件下一行 |
| file.read([size]) | 从文件读取指定的字节数，如果未给定或字节数为负，则读取所有 |
| file.readline([size]) | 读取整行，包括字符 "\n" |
| file.readlines([sizeint]) | 读取所有行并返回列表，若给定 sizeint>0，返回总和大约为 sizeint 字节的行，实际读取值可能比 sizeint 大，因为需要填充缓冲区 |
| file.seek(offset[, whence]) | 设置文件当前位置 |
| file.tell() | 返回文件当前位置 |
| file.truncate([size]) | 从文件的首行首字符开始截断，截断文件为 size 个字符 |
| file.write(str) | 将字符串写入文件，没有返回值 |
| file.writelines(sequence) | 向文件写入一个序列字符串列表，如果需要换行，则要自己加入每行的换行符 |

### 8.1.3 文本操作

文本文件一般由单一特定编码的字符组成，一般可以用记事本打开并编辑。Python 中对文本文件的操作是常用的操作，包括读写文件、移动光标位置等。对于 read、write 以及其他读写方法，在读写完成后，都会自动移动文件指针，如果需要对文件指针进行定位，可以使用 seek 方法。

#### 1. 向文本文件中写入内容

```
f = open('test.txt','w+')
s = '文件读写测试'
f.write(s)
f.close() # 每次在输入/输出过程中都要记得最后释放输入/输出流资源
```

### 2. 读取并显示文本文件的前 4 个字节

```
fp = open('test.txt','r+')
print(fp.read(4))
fp.close()
```

运行结果：文件读写

### 3. 读取并显示文本文件的所有行

```
fp = open('test.txt','r+')
while True:
    line = fp.readline()
    if line = = '': # 读到最后一行停止 while
        break
    print(line)
fp.close()
```

运行结果：文件读写测试

### 4. 移动文件指针

```
fp = open('test.txt','r+')
print(fp.read(6))
fp.seek(4)    # 光标向前移动 4 位
print(fp.read（1）)
```

运行结果如下。

```
文件读写测试
读
```

## 8.1.4 字节流操作

字节流文件用二进制进行读写，如 b'01'，b 代表二进制格式，如果用二进制的格式存取字符串，需要将字符串先转换为二进制。一般使用 pickle 模块或 struct 模块，将要变成字节的数据打包，然后以字节的形式写入二进制文件。

### 1. 二进制文件直接读写

```
fp = open('test.txt','wb')
fp.write(b'20')
fp.close()
fp = open('test.txt','r')
print(fp.read())
```

运行结果：20

### 2. pickle 模块

pickle 模块实现了用于序列化和反序列化 Python 对象结构的二进制协议，pickle 模块提供了 4 个功能：dumps（序列化）、dump(序列化后存取)、loads（反序列化）、load（反序列化读取）。

```
import pickle
dic = {'k1': 'v1','k2': 'v2','k3': 'v3'}
str_dic = pickle.dumps(dic)  # dumps 方法序列化
print(str_dic)  # 转换为二进制内容输出
dic2 = pickle.loads(str_dic)  # loads 方法反序列化
print(dic2)      # 输出反序列化的字典
```

运行结果如下。

```
b'\x80\x03}q\x00(X\x02\x00\x00\x00k1q\x01X\x02\x00\x00\x00v1q\x02X\x02\x00\x00\x00k2q\x03X\x02\x00\x00\ x00v2q\x04X\x02\x00\x00\x00k3q\x05X\x02\x00\x00\x00v3q\x06u.'
{'k1': 'v1', 'k2': 'v2', 'k3': 'v3'}
```

```
import pickle
dic = {'k1': 'v1','k2': 'v2','k3': 'v3'}
f = open('pickle_file','wb')
pickle.dump(dic,f)      # dump 方法序列化并存取
f.close()
f = open('pickle_file','rb')
dic3 = pickle.load(f)  # load 方法反序列化读取
print(dic3)
```

运行结果如下。

```
{'k1': 'v1', 'k2': 'v2', 'k3': 'v3'}
```

### 3. struct 模块

struct 模块对二进制文件的处理包含 pack 方法和 unpack 方法。struct.pack 用于将 Python 的值根据格式符转换为字符串（因为 Python 中没有字节类型，可以把这里的字符串理解为字节流或字节数组），其函数原型为：struct.pack(fmt, v1, v2, ...)，参数 fmt 是格式字符串（关于格式字符串的相关内容在后文有介绍），v1，v2，...表示要转换的 Python 值。struct.unpack 的作用与 struct.pack 相反，用于将字节流转换成 Python 数据类型，它的函数原型为：struct.unpack(fmt, string)，该函数返回一个元组。转换时需要注意设置转换的 struct 数据类型，struct 数据类型如表 8-3 所示。

表 8-3 struct 数据类型

| 格式 | Python 类型 | 字节数 |
|---|---|---|
| x | no value | 1 |
| c | string of length 1 | 1 |
| b | integer | 1 |
| B | integer | 1 |
| ? | bool | 1 |
| h | integer | 2 |
| H | integer | 2 |
| i | integer | 4 |
| I | Integer 或 long | 4 |
| l | integer | 4 |
| L | long | 4 |
| q | long | 8 |

续表

| 格式 | Python 类型 | 字节数 |
|---|---|---|
| Q | long | 8 |
| f | float | 4 |
| d | float | 8 |
| s | string | 1 |
| p | string | 1 |
| P | long | 4 |

相关程序示例如下。

```
import struct
a = 20
b = 400
s = struct.pack('ii', a, b)   # 转换数据为二进制
print(s)# 输出转换的二进制数据
s2 = struct.unpack('ii', s)# 转换数据为 int
print(s2)
```

运行结果如下。

```
b'\x14\x00\x00\x00\x90\x01\x00\x00' <class 'bytes'>
(20, 400)
```

### 8.1.5 项目实训——Excel 表格的快速处理

#### 1. 实验需求

用 Python 编程统计学生信息表中男性和女性分别有多少人，如图 8-1 所示。

| 姓名 | 年龄 | 性别 |
|---|---|---|
| A | 20 | 男 |
| B | 21 | 女 |
| C | 18 | 男 |
| D | 20 | 男 |
| E | 20 | 男 |
| F | 21 | 女 |
| G | 18 | 男 |
| H | 20 | 男 |

图 8-1 学生信息

#### 2. 实验步骤

（1）建立表格和数据；

（2）安装 Python 第三方库：pip install xlrd（Excel 文件读取的库）；

（3）导入 xlrd 库；

（4）打开 Excel 文件；

（5）打开 sheet 脚本；

（6）循环读取 Excel 中的每个数据；

（7）分支运算判断分类，统计出男性和女性的人数。

#### 3. 代码实现

```
import xlrd
workbook = xlrd.open_workbook('test.xlsx') # 打开 Excel 数据表
sheetlist = workbook.sheet_names()# 读取电子表到列表
sheetName = sheetlist[0]# 读取第一个电子表的名称
sheet1 = workbook.sheet_by_index(0) # 电子表索引从 0 开始
sheet1 = workbook.sheet_by_name(sheetName) # 实例化电子表对象
```

```
m = 0
n = 0
for i in range(sheet1.nrows):
    rows = sheet1.row_values(i)
    if rows[2] == 'Male':
        m = m+1
    if rows[2] == 'Female':
        n = n+1
print('Male: ', m, 'Female: ', n)
```

运行结果如下。

```
Male: 6 Female: 2
```

#### 4. 代码分析

本项目的重点在于 Excel 文件读取的第三方库，难点是库中的函数应用，这些函数需要记忆。

## 8.2　读写 CSV 文件

### 8.2.1　CSV 文件的基本概念

CSV（Comma-Separated Values）格式是电子表格和数据库最常用的导入和导出格式，其文件以纯文本形式存储表格数据（数字和文本）。CSV 文件由任意数目的记录组成，记录间以某种符号分隔，最常见的符号是逗号或制表符。CSV 文件使用广泛，但目前还没有一个标准化的描述，缺乏标准意味着由不同应用程序生成和使用的数据通常存在细微差别。尽管分隔符和引用字符各不相同，但由于 CSV 文件的总体格式相似，因此，Python 内置了专门的 CSV 模块，方便用户对 CSV 文件进行操作，如可以读取和写入 CSV 文件、自定义编码风格等。

### 8.2.2　将数据写入 CSV 文件

CSV 文件的保存形式为纯文本形式，建议使用记事本或 Excel 打开 CSV 文件。

```
import csv    # 导入 CSV 安装包
f = open('test.csv','w',encoding = 'gb18030',newline = '')  # 创建文件对象，中文显示
csv_writer = csv.writer(f)    # 基于文件对象构建 CSV 写入对象
csv_writer.writerow(["姓名","年龄","性别"])  # 构建列表头
csv_writer.writerow(["l",'18','男'])  # 写入 CSV 文件内容
csv_writer.writerow(["c",'20','男'])
csv_writer.writerow(["w",'22','女'])
f.close()  #  关闭文件
```

运行后，生成一个 CSV 文件，如图 8-2 所示。

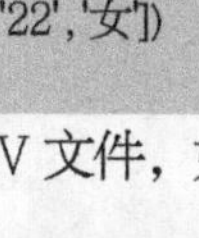


| 姓名 | 年龄 | 性别 |
|---|---|---|
| l | 18 | 男 |
| c | 20 | 男 |
| w | 22 | 女 |

图 8-2　数据写入 CSV 文件的结果

### 8.2.3 读 CSV 文件数据

读取 CSV 文件有两种方式：一种方式是使用 CSV 库中的函数，另一种方式是使用 Pandas 中的函数。下面以 CSV 库为例进行讲解。

CSV 库中的函数如下。

```
csv.reader(csvfile,dialect = 'excel',**fmtparams)
```

参数说明如下。

csvfile：必须是支持迭代的对象，可以是文件对象或者列表对象。

dialect：编码风格，默认为 Excel，即以逗号分隔，也支持以制表符分隔或自定义。

fmtparam：格式化参数，用来覆盖之前 dialect 对象指定的编码风格。

读取上面生成的 test.csv 文件，相关程序示例如下。

```
import csv
with open('test.csv', 'r') as f:
    reader = csv.reader(f)
    print(type(reader))
    for row in reader:
        print(row)
```

运行结果如下。

```
<class '_csv.reader'>
['姓名', '年龄', '性别']
['l', '18', '男']
['c', '20', '男']
['w', '22', '女']
```

如果想获取第二行或第二列的内容，可参考如下程序示例。

```
import csv
with open('test.csv', 'r') as f:
    reader = csv.reader(f)
    result = list(reader)
    print(result[1])    # 输出第二行
    for i in result:
        print(i[1])    # 输出第二列
```

运行结果如下。

```
['l', '18', '男']
年龄
18
20
22
```

## 8.3 读写 JSON 文件

### 8.3.1 JSON 文件的基本概念

JSON（JavaScript Object Notation）是一种轻量级的数据交换格式。JSON 采用完全独立于语言的文本格式，可以将 JavaScript 对象中表示的一组数据转换为字符串，然后在函数之间轻松地传递这个字符串，或者在异步应用程序中将字符串从 Web 客户端传递到服务器端程序。JSON 具有良好的可读性和便于快速编写的特性，适用于服务器与 JavaScript 客户端的交互，是目前网络中主流的数据传输格式之一，应用十分广泛。

JSON 在 Python 中分别由 list 和 dict 组成，包含用于序列化的两个模块（json 模块和 pickle 模块）。json 模块用于在字符串和 Python 数据类型间进行转换，pickle 模块用于在 Python 特有的类型和 Python 的数据类型间进行转换。json 模块可以在不同语言之间交换数据，而 pickle 模块只能用于 Python 语言中。

### 8.3.2　JSON 语法规则

JSON 数据以键-值对（key-value）的形式存在。JSON 值可以是数字（整数或浮点数）、字符串（在双引号中）、逻辑值（True 或 False）、数组（在方括号中）、对象（在花括号中）、null（空值）等，JSON 的语法规则如下。

（1）并列的数据之间用逗号“,”分隔；

（2）映射用冒号“:”表示；

（3）并列数据的集合（数组）用方括号“[]”表示；

（4）映射的集合（对象）用大括号“{}”表示。

JSON 的 Object（对象类型）：用“{}”包含一系列无序的 key-value 表示，其中 key 和 value 之间用冒号分隔，每个 key-value 之间用逗号分隔。

JSON 的 Array（数组类型）：使用“[]”包含所有元素，元素之间用逗号分隔，元素可以是任意值。如果访问其中的元素，则使用索引号从 0 开始。

以下是一个标准的 JSON 格式文件示例，将以下代码复制到.txt 文件中，另存为 test.json 文件即可。

```
{
  "employees": [
    {
      "name": "A",
      "Dept": "HR",
      "salary": 5000
    },
    {
      "name": "B",
      "Dept": "Sales",
      "salary": 6000
    },

    {
      "name": "C",
      "Dept": "HR",
      "salary": 9000
    },
    {
      "name": "D",
      "Dept": "Production",
```

```
        "salary": 10 000
      }
    ]
  }
```

### 8.3.3 读取 JSON 文件

如果要读取已存储的JSON文件,则需新建一个.py文件,注意新建的.py文件要和存储的JSON文件在同一个目录下，程序示例如下。

```
import json
with open('test.json') as f: # 打开 JSON 文件
    data = json.load(f)
for emp in data['employees']: # 读取 JSON 文件
    print(emp)
```

运行结果如下。

```
{'name': 'Sam', 'Dept': 'HR', 'salary': 5000}
{'name': 'Mayra', 'Dept': 'Sales', 'salary': 6000}
{'name': 'Hisham', 'Dept': 'HR', 'salary': 9000}
{'name': 'Arsh', 'Dept': 'Production', 'salary': 10 000}
```

json 模块提供了 4 种方法：dumps、dump、loads、load。

#### 1. dumps 和 dump

dumps 和 dump 都是序列化方法，它们的作用是将数据转换为字符串类型，其中 dumps 只完成序列化；dump 必须传入文件描述符，将序列化的字符串保存到文件中。dumps 功能的相关程序示例如下。

```
import json
>>>json.dumps（1）      # 数字
```

运行结果：'1'

```
>>>json.dumps('1')    # 字符串
```

运行结果：'"1"'

```
>>>dict = {"name": "Tom", "age": 23}
>>>json.dumps(dict)      # 字典
```

运行结果：'{"name": "Tom", "age": 23}'

使用 dump 生成一个新的 test.json 文件，程序示例如下。

```
import json
a = {"name": "Tom", "age": 23}
with open("test.json", "w", encoding = 'utf-8') as f:
json.dump(a, f, indent = 4)    # 和上面的结果一样
```

#### 2. loads 和 load

loads 和 load 都是反序列化方法，其中 loads 只完成反序列化；load 只接收文件描述符，完成读取文件和反序列化，例如之前建立了一个 test.json 文件，该文件存储了数据，读取程序示例如下。

```
import json
with open("test.json", "r", encoding = 'utf-8') as f:
    aa = json.loads(f.read())    # 使用 loads 读取
```

```
    f.seek(0)
bb = json.load(f)        # 使用 load 读取
print(aa)
print(bb)
```

运行结果如下。

```
{'name': 'Tom', 'age': 23}
{'name': 'Tom', 'age': 23}
```

## 8.4 文件操作扩展库

### 8.4.1 os 模块

Python 的内置 os 模块提供了多数操作系统的功能接口函数。os 模块被导入后，会自动适应不同的操作系统平台，根据不同的平台进行相应的操作。在进行 Python 编程时，os 模块经常被用来处理文件和目录，os 模块的方法如表 8-4 所示。

表 8-4　os 模块方法

| 方法 | 描述 |
|---|---|
| os.sep | 取代操作系统特定的路径分隔符 |
| os.name | 指示正在使用的工作平台。比如对于 Windows 用户，它是'nt'，而对于 Linux/UNIX 用户，它是'posix' |
| os.getcwd | 获取当前工作目录，即当前 Python 脚本工作的目录路径 |
| os.getenv()和 os.putenv | 分别用来读取和设置环境变量 |
| os.listdir() | 返回指定目录下的所有文件和目录名 |
| os.remove(file) | 删除一个文件 |
| os.stat（file） | 获取文件属性 |
| os.chmod(file) | 修改文件权限和时间戳 |
| os.mkdir(name) | 创建目录 |
| os.rmdir(name) | 删除目录 |
| os.removedirs() | 删除多个目录 |
| os.system() | 运行 shell 命令 |
| os.exit() | 终止当前进程 |
| os.linesep | 给出当前平台的行终止符，例如，Windows 使用'\r\n'、Linux 使用'\n'、Mac 使用'\r' |
| os.path.split() | 返回一个路径的目录名和文件名 |
| os.path.isfile()和 os.path.isdir() | 分别检验给出的路径是目录还是文件 |
| os.path.existe() | 检验给出的路径是否存在 |
| os.listdir(dirname) | 列出 dirname 下的目录和文件 |
| os.getcwd() | 获取当前工作目录 |
| os.curdir | 返回当前目录（'.'） |

续表

| 方法 | 描述 |
|---|---|
| os.chdir(dirname) | 改变工作目录到 dirname |
| os.path.isdir(name) | 判断 name 是不是目录，如果 name 不是目录，就返回 False |
| os.path.isfile(name) | 判断 name 这个文件是否存在，如果该文件不存在，就返回 False |
| os.path.exists(name) | 判断是否存在文件或目录 name |
| os.path.getsize(name) | 获取文件大小，如果 name 是目录，就返回 0L |
| os.path.abspath(name) | 获取绝对路径 |
| os.path.isabs() | 判断是否为绝对路径 |
| os.path.normpath(path) | 规范 path 字符串形式 |
| os.path.split(name) | 分隔文件名与目录（事实上，如果完全使用目录，它也会将最后一个目录作为文件名与其他目录分离，同时不会判断文件或目录是否存在） |
| os.path.splitext() | 分离文件名和扩展名 |
| os.path.join(path,name) | 连接两个或更多的路径名组件 |
| os.path.basename(path) | 返回文件名 |
| os.path.dirname(path) | 返回文件路径 |
| os.walk(dir) | 输出文件夹路径、子目录名列表、文件列表 |

相关练习程序如下。

```
import os
print(os.getcwd())          # 获取当前路径
os.mkdir('test1')           # 创建目录 test1
os.rmdir('test1')           # 删除 test1
os.rename('test.txt','back.txt')  # 修改文件名,在目录下提前创建 test.txt
```

运行结果：D：\test

### 8.4.2 shutil 模块

shutil 模块是高级的文件、文件夹、压缩包的处理模块，也可用于文件的拷贝。shutil 模块是一种高层次的文件操作工具，类似于高级应用程序编程接口（API），shutil 模块主要功能列表如表 8-5 所示。

表 8-5 shutil 模块主要功能列表

| 方法 | 描述 |
|---|---|
| copyfile( src, dst ) | 从源 src 复制到 dst 中。当然前提是目标地址具备可写权限。抛出的异常信息为 IOException。如果当前的 dst 已存在，则会被覆盖 |
| copymode( src, dst ) | 只是复制其权限，其他的不会被复制 |
| copystat( src, dst ) | 复制权限、最后访问时间、最后修改时间 |
| copy( src, dst ) | 复制一个文件到另一个文件或一个目录 |
| copy2( src, dst ) | 在复制的基础上再复制文件。最后访问时间与修改时间也会被复制过来，类似于 cp–p |

续表

| 方法 | 描述 |
| --- | --- |
| copy2( src, dst ) | 如果两个位置的文件系统相同，则相当于 rename 操作，只需要修改名称；如果两个位置的文件系统不相同，则相当于 move 操作 |
| copytree(olddir,newdir,True/Flase) | 把 olddir 复制到 newdir，如果第 3 个参数是 True，则复制目录时将保持文件夹下的符号连接；如果第 3 个参数是 False，则将在复制的目录下生成物理副本来替代符号连接 |

相关程序练习如下，练习时注意程序和文件需要在一个文件夹中。

### 1. 将文件内容复制到另一个文件中

```
import shutil
shutil.copyfileobj(open('old.xml','r'), open('new.xml', 'w'))
shutil.copyfile(src, dst)
```

### 2. 复制文件

```
shutil.copyfile('f1.log', 'f2.log')
```

## 8.4.3 pathlib 模块

pathlib 是 Python 内置库，Python 文档给它的定义是：Object-oriented Filesystem Paths，即面向对象的文件系统路径。pathlib 提供表示文件系统路径的类，其语义适用于不同的操作系统。pathlib 模块基本可以代替 os.path 来处理路径，它采用了完全面向对象的编程方式，共包含 6 个类，常用的有 pure paths 和 concrete paths，其中 pure paths 路径计算操作没有输入/输出功能，concrete paths 路径计算操作有输入/输出功能。相对于 os 模块的 path 方法，Python 3 标准库 pathlib 模块的 Path 对路径的操作更简单，常用的方法如表 8-6 所示。

表 8-6　pathlib 模块方法列表

| 方法 | 描述 |
| --- | --- |
| cwd() | 返回当前工作目录 |
| home() | 返回当前家目录 |
| is_dir() | 是否为目录，如果目录存在，就返回 True |
| is_file() | 是否为普通文件，如果文件存在，就返回 True |
| is_symlink() | 是否为软连接 |
| is_socket() | 是否为 socket 文件 |
| is_block_device() | 是否为块设备 |
| is_char_device() | 是否为字符设备 |
| is_absolute() | 是否为绝对路径 |
| resolve() | 返回一个新的路径，这个新路径就是当前 Path 对象的绝对路径，如果是软连接，则直接被解析 |
| absolute() | 可以获取绝对路径，推荐使用 resolve() |

续表

| 方法 | 描述 |
|---|---|
| exists() | 目录或文件是否存在 |
| rmdir() | 删除空目录。没有提供判断目录为空的方法 |
| touche(mode = 0o666,exist_ok = True) | 创建一个文件 |
| as_uri() | 将目录返回为 URL，例如："file: ///etc/hosts" |
| mkdir(mode = 0o777,partents = False,exist_ok = False) | parents 参数的值决定是否创建父目录，当 parents 参数为 True 时等同于 mkdir -p;exist_ok 参数为 False，表明路径存在，抛出 FileExistsError；当 exist_ok 参数为 True 时，FileExistsError 被忽略 |
| iterdir() | 迭代当前目录 |

相关练习程序如下。

```
import pathlib
print(pathlib.Path.cwd()) # /获取当前.py 文件所在目录
print(pathlib.Path.cwd().parent) # /获取当前.py 文件所在目录的上一级
```

运行结果如下。

```
D: \test
D: \
```

## 8.5 目录操作

目录也称文件夹，用于分层保存文件，通过目录可以快速地找到想要的文件。Python 中并没有提供直接操作目录的函数或对象，目录操作需要使用内置的 os 模块或 pathlib 模块实现，详情见表 8-4 和表 8-6。

### 8.5.1 创建与删除目录

#### 1. 使用 os 模块

使用 os 模块创建与删除目录代码示例如下。

```
import os
print(os.getcwd())          # 获取当前路径
os.mkdir('test')            # 创建目录 test

import os
print(os.getcwd())          # 获取当前路径
os.rmdir('test')            # 删除目录 test
```

#### 2. 使用 pathlib 模块

使用 pathlib 模块创建与删除目录代码示例如下。

```
import pathlib
p = pathlib.Path('test3') # 定义路径和文件名
p.mkdir()      # 创建目录 test3
```

```
import pathlib
p = pathlib.Path('test3') # 定义路径和文件名
p.rmdir()      # 删除目录 test3
```

### 8.5.2　遍历目录

遍历目录就是将指定目录下的全部目录（包括子目录）和文件运行一遍。在 Python 中，os 模块的 walk()函数可实现遍历目录的功能。

#### 1. 使用 os 模块

使用 os 模块遍历目录代码示例如下。

```
import os
for filelist in os.listdir("D: /test"): # 列举所有内容
    print(filelist)
```

运行结果如下。

```
123.py
aspnet_client
back.txt
test
```

```
import os
for root, dirs, files in os.walk('D: /test'):
    # root 表示当前正在访问的文件夹路径
    # dirs 表示该文件夹下的子目录名列表
    # files 表示该文件夹下的文件列表
    # 遍历文件
    for f in files:
        print(f)

    # 遍历所有的文件夹
    for d in dirs:
        print(d)
```

运行结果：

```
123.py
back.txt
aspnet_client
test
system_web
2_0_50727
```

#### 2. 使用 pathlib 模块

使用 pathlib 模块遍历目录代码示例如下。

```
from pathlib import Path
now_path = Path.cwd()  # 当前目录
print(now_path)
for i in now_path.iterdir(): # 遍历所有文件，输出文件名
    print(i.name)
```

运行结果如下。

```
D: \test
123.py
aspnet_client
back.txt
test
```

### 8.5.3 项目实训——作业统计的实现

#### 1. 实验需求

一个文件夹中存放着学生上交的作业（为.txt 格式），要求统计文件夹中所有文本的行数。

#### 2. 实验步骤

（1）获取指定目录下所有文件；

（2）按指定文件类型对文件进行过滤；

（3）统计文本行数。

#### 3. 代码实现

```
import os
alines = 0
list = os.listdir('test')# 获取当前目录下所有文件列表
# 过滤
print(list)
for i in list:
    if os.path.splitext(i)[1] == '.txt': # 只统计 txt 类型文件
        j = os.path.join("test",i)
        with open(j,encoding='utf-8') as f
            lines = f.readlines()
            alines += len(lines)
            print(i)# 打印每个文件的名称
            print("文件行数: %d"%len(lines))# 打印每个文件的行数
"
```

运行结果如下。

```
A.txt
文件行数: 1
B.txt
文件行数: 30
C.txt
文件行数: 21
mulu_statics.txt
文件行数: 0
```

#### 4. 代码分析

本项目使用 os 库中的 listdir()方法获取指定目录下的所有文件，再将获取的文件列表按指定文件类型进行过滤，同时依次打开过滤后的文件，使用 readlines()方法统计行数，然后存入变量中，最后输出。

## 8.6　项目实训——数据提取与转存

### 1. 实验需求

有 4 个分别对应省、市、区/县、乡/镇的名字和对应编号的 JSON 文件，通过 Python 将 JSON 文件中的内容读取出来，并添加到 Excel 文件中。

### 2. 实验步骤

（1）安装 Python 的第三方库 xlwt(Excel 写入的库)；

（2）导入 xlwt；

（3）导入 Python 标准库 json；

（4）建立类和方法，分别获取省、市、区/县、乡/镇的名字和编号；

（5）If __name__ == '__main__'：判断当前运行文件是否为 demo.py，如果是，则运行下方代码；如果被其他文件导入，则不运行下方代码；

（6）在 Excel 中循环写入对应编号下的省、市、区/县和乡/镇。

### 3. 代码实现

```
# 数据提取与转存
import json
# xlwt 是 Excel 写入操作的库，需要安装 pip install xlwt
import xlwt
# 由省->市->区/县->乡/镇
# 省
class Addr:
    def province(self):
        with open("./data/province.json",encoding = "utf-8") as f:
            provinces = json.load(f)
            return provinces
    # 市
    def city(self,id):
        with open("./data/city.json",encoding = "utf-8") as f:
            cities = json.load(f)
        return cities[id]
    # 县/区
    def county(self,id):
        with open("./data/county.json",encoding = "utf-8") as f:
            counties = json.load(f)
        try:
            return counties[id]
        except:
            return []
    # 乡/镇
    def town(self,id):
        with open("./data/town.json",encoding = "utf-8") as f:
```

```
                towns = json.load(f)
            try:
                return towns[id]
            except:
                return []
if __name__ = = '__main__':
    workbook = xlwt.Workbook(encoding = "utf-8") # 创建 Excel 工作簿
    sheet = workbook.add_sheet("sheets") # 创建 sheet 脚本
    # 合并写入数据
    sheet.write_merge(0,1,0,0,"编号")
    sheet.write_merge(0,0,1,2,"省份")
    sheet.write_merge(0,0,3,4,"城市")
    sheet.write_merge(0,0,5,6,"区/县")
    sheet.write_merge(0,0,7,8,"乡/镇")
    # 普通写入
    sheet.write(1,1,"省编码")
    sheet.write(1,2,"省名")
    sheet.write(1,3,"市编码")
    sheet.write(1,4,"市名")
    sheet.write(1,5,"区/县编码")
    sheet.write(1,6,"区/县名")
    sheet.write(1,7,"乡/镇编码")
    sheet.write(1,8,"乡/镇名")
    # 设置 1,3,5,7,8 列的宽
    sheet.col(1).width = 256*20
    sheet.col(3).width = 256*20
    sheet.col(5).width = 256*20
    sheet.col(7).width = 256*20
    sheet.col(8).width = 256*20
    # 输入省份数据
    i = 0
    addr = Addr()
    for pro_data in addr.province(): # 省
        pro_id = pro_data.get("id")
        pro_name = pro_data.get("name")
        for city_data in addr.city(pro_id): # 市
            city_id = city_data.get("id")
            city_name = city_data.get("name")
            if addr.county(city_id):
                for county_data in addr.county(city_id): #县
                    county_id = county_data.get("id")
                    county_name = county_data.get("name")
                    if addr.town(county_id):
                        for town_data in addr.town(county_id): # 乡
                            town_id = town_data.get("id")
                            town_name = town_data.get("name")
                            i+ = 1
                            # 将省、市、县、乡写入 Excel
                            sheet.write(i + 1,0,i)
                            sheet.write(i + 1,1,pro_id)
```

```
                    sheet.write(i + 1,2,pro_name)
                    sheet.write(i + 1,3,city_id)
                    sheet.write(i + 1,4,city_name)
                    sheet.write(i + 1,5,county_id)
                    sheet.write(i + 1,6,county_name)
                    sheet.write(i + 1,7,town_id)
                    sheet.write(i + 1,8,town_name)
                    print("第{}行数据写入成功...".format(i))
            else:
                i + = 1
                # 将省、市、县、乡写入 Excel
                sheet.write(i + 1, 0, i)
                sheet.write(i + 1, 1, pro_id)
                sheet.write(i + 1, 2, pro_name)
                sheet.write(i + 1, 3, city_id)
                sheet.write(i + 1, 4, city_name)
                sheet.write(i + 1, 5, county_id)
                sheet.write(i + 1, 6, city_name)
                sheet.write(i + 1, 7, "NON")
                sheet.write(i + 1, 8, "NON")
                print("第{}行数据写入成功...".format(i))
        else:
            i + = 1
            # 将省、市、县、乡写入 Excel
            sheet.write(i + 1, 0, i)
            sheet.write(i + 1, 1, pro_id)
            sheet.write(i + 1, 2, pro_name)
            sheet.write(i + 1, 3, city_id)
            sheet.write(i + 1, 4, city_name)
            sheet.write(i + 1, 5, "NON")
            sheet.write(i + 1, 6, "NON")
            sheet.write(i + 1, 7, "NON")
            sheet.write(i + 1, 8, "NON")
            print("第{}行数据写入成功...".format(i))
    workbook.save("test.xls")
```

运行结果如图 8-3 所示。

N15　fx

| | A | B | C | D | E | F | G | H | I |
|---|---|---|---|---|---|---|---|---|---|
| 1 | | 省份 | | 城市 | | 区/县 | | 乡/镇 | |
| 2 | 编号 | 省编码 | 省名 | 市编码 | 市名 | 区/县编码 | 区/县名 | 乡/镇编码 | 乡/镇名 |
| 3 | 1 | 110000000000 | 北京市 | 110100000000 | 市辖区 | 110101000000 | 东城区 | 110101001000 | [illegible] |
| 4 | 2 | 110000000000 | 北京市 | 110100000000 | 市辖区 | 110101000000 | 东城区 | 110101002000 | [illegible] |
| 5 | 3 | 110000000000 | 北京市 | 110100000000 | 市辖区 | 110101000000 | 东城区 | 110101003000 | [illegible] |
| 6 | 4 | 110000000000 | 北京市 | 110100000000 | 市辖区 | 110101000000 | 东城区 | 110101004000 | [illegible] |
| 7 | 5 | 110000000000 | 北京市 | 110100000000 | 市辖区 | 110101000000 | 东城区 | 110101005000 | [illegible] |
| 8 | 6 | 110000000000 | 北京市 | 110100000000 | 市辖区 | 110101000000 | 东城区 | 110101006000 | [illegible] |
| 9 | 7 | 110000000000 | 北京市 | 110100000000 | 市辖区 | 110101000000 | 东城区 | 110101007000 | [illegible] |
| 10 | 8 | 110000000000 | 北京市 | 110100000000 | 市辖区 | 110101000000 | 东城区 | 110101008000 | [illegible] |
| 11 | 9 | 110000000000 | 北京市 | 110100000000 | 市辖区 | 110101000000 | 东城区 | 110101009000 | [illegible] |
| 12 | 10 | 110000000000 | 北京市 | 110100000000 | 市辖区 | 110101000000 | 东城区 | 110101010000 | [illegible] |
| 13 | 11 | 110000000000 | 北京市 | 110100000000 | 市辖区 | 110101000000 | 东城区 | 110101011000 | [illegible] |
| 14 | 12 | 110000000000 | 北京市 | 110100000000 | 市辖区 | 110101000000 | 东城区 | 110101012000 | [illegible] |
| 15 | 13 | 110000000000 | 北京市 | 110100000000 | 市辖区 | 110101000000 | 东城区 | 110101013000 | [illegible] |
| 16 | 14 | 110000000000 | 北京市 | 110100000000 | 市辖区 | 110101000000 | 东城区 | 110101014000 | [illegible] |
| 17 | 15 | 110000000000 | 北京市 | 110100000000 | 市辖区 | 110101000000 | 东城区 | 110101015000 | [illegible] |
| 18 | 16 | 110000000000 | 北京市 | 110100000000 | 市辖区 | 110101000000 | 东城区 | 110101016000 | [illegible] |
| 19 | 17 | 110000000000 | 北京市 | 110100000000 | 市辖区 | 110101000000 | 东城区 | 110101017000 | [illegible] |
| 20 | 18 | 110000000000 | 北京市 | 110100000000 | 市辖区 | 110102000000 | 西城区 | 110102001000 | [illegible] |
| 21 | 19 | 110000000000 | 北京市 | 110100000000 | 市辖区 | 110102000000 | 西城区 | 110102003000 | [illegible] |
| 22 | 20 | 110000000000 | 北京市 | 110100000000 | 市辖区 | 110102000000 | 西城区 | 110102007000 | [illegible] |

图 8-3　城市数据转存结果

### 4. 代码分析

本项目的重点是 JSON 文件的读取，难点在于 xlwt 库对 Excel 文件的写入操作。

## 本章小结

本章介绍了文件和目录操作的相关知识。首先介绍如何正确处理文件，然后介绍了常用的 CSV 文件和 JSON 文件的相关知识及两种文件的读写方法，最后介绍了文件的目录操作，包括目录的创建、删除和遍历，并对目录操作的 os 模块、shutil 模块、pathlib 模块进行了详细介绍。

## 习题

### 一、单选题

1. 要查看 Python 当前的工作目录，以下哪个选项是正确的？（ ）

A. os.getcwd() B. import os os.getcwd()

C. import os os.chdir() D. os.chdir()

2. 以只读方式打开 d: \myfile.txt 文件，以下选项哪个是正确的？（ ）

A. f = open("d: \\myfile.txt","r") B. f = open("d: \myfile.txt","r")

C. f = open("d: \\myfile.txt","w") D. f = open("d: \\myfile.txt","r+")

3. d: \有一个二进制文件 file1.dat，要求以可读可写方式打开该文件，如果写入新的内容，则内容会被追加到文件尾部。以下哪个语句是正确的？（ ）

A. f = open("d: \\file1.dat","rb") B. f = open("d: \\file1.dat","wb")

C. f = open("d: \\file1.dat","ab+") D. f = open("d: \\file1.dat","wb+")

### 二、多选题

1. 文件操作包括下列哪些步骤？（ ）

A. 打开文件 B. 读文件或写文件

C. 关闭文件 D. 无须关闭文件

2. 下列哪些文件是二进制文件？（ ）

A. .txt 文件 B. .doc 文件

C. .py 文件 D. .xls 文件

3. writelines()方法的参数可以是以下哪些类型？（ ）

A. 列表 B. 集合

C. 元组 D. 字典

4. 以下哪些描述是 CSV 文件的特征？（ ）

A. 纯文本，一般使用某个字符集

B. 由记录组成，一行对应一条记录

C. 多个字段之间的分隔符必须是逗号

D. 每条记录都有同样的字段序列

5. CSV 文件的每个记录字段之间的分隔符可以是以下哪些字符？（　　）

A. 中文逗号　　B. 英文分号

C. 英文逗号　　D. 制表符

6. D 盘 Python 目录下有文件 file1.py。如果在 Python 中描述这个文件的路径，下列选项正确的是？（　　）

A. "d: \\python\\file1.py"　　B. "d: \python\file1.py"

C. "d: /python/file1.py"　　D. r "d: \python\file1.py"

**三、编程题**

1. 把一个目录下所有的文件删除，在所有的目录下新建一个 a.txt 文件，并在文件下写入“python”关键字。

2. 创建一个文件 data.txt，共 100 000 行，每行存放一个 1～100 的整数。

# 第二篇

# 用户界面设计

# 09

# 第9章
# Axure RP原型设计工具

**本章导学**

“用户体验”是一个非常热门的话题，从项目设计师到产品经理，几乎所有人都在谈“用户体验”，用户体验成为市场竞争中的关键要素。随着我国移动互联网产业进入高速发展的阶段，产业规模不断扩大，技术领域逐步拓宽，产品生产的人性化意识日趋增强，用户体验至上的时代已经来临，用户界面（UI）设计师在人才市场上十分紧俏。目前很多高校都根据发展需要和办学能力设置了UI相关的专业。

本章全面、系统地阐述了UI设计基础、设计方法、交互设计理论以及各类界面的设计技术等，结合相关案例，有针对性地剖析UI设计的思路和制作过程。涵盖UI设计基础、网页UI设计、手机App UI设计、交互设计基础、Axure操作等内容，并详细介绍了一系列综合案例的设计过程。

本章内容由易到难，循序渐进，覆盖面广。作为中高等院校平面设计、网站设计、软件及计算机等相关专业的教辅内容，能使学生掌握UI设计行业的相关基础技能。

**学习目标**

（1）掌握界面结构设计和交互设计规范。（2）使用Axure工具进行界面原型设计。

（3）使用Axure工具发布界面原型。

## 9.1 界面结构设计

构建界面视觉层级的元素包括颜色的显著程度，图片、文字的尺寸（大小），以及内容的组织结构。结构设计是指对界面内容进行分组，对界面中的信息、数据进行设计，使之结构化呈现。好的结构设计能使界面信息的传达更加清晰、快捷。

## 9.2 UI设计规范

### 9.2.1 概述

UI设计包括交互设计、用户研究与界面设计3个部分。基于这3个部分的UI设计流程是：从一个产品立项开始，UI 设计师就应根据流程规范，参与到需求阶段、分析设计阶段、调研验证阶段、方案改进阶段、用户验证反馈阶段等，履行相应的岗位职责。UI 设计师应全面负责以用户体验为中心的产品 UI 设计，并根据客户（市场）要求不断提升产品可用性。这里规定了 UI 设计在各个环节的职责和要求，以保证每个环节的工作质量。

**1. 需求阶段**

软件产品依然属于工业产品的范畴，依然离不开对“3W”（Who,Where,Why）的考虑，也就是对使用者、使用环境、使用方式的需求分析。所以在设计一个软件产品之前，应该明确什么人用（用户的年龄、性别、爱好、收入、受教育程度等）；在什么地方用（办公室/家庭/厂房车间/公共场所）；如何用（鼠标键盘/遥控器/触摸屏）。以上任何一个元素改变，结果都会有相应的改变。

除此之外，在需求阶段还应了解同类竞争产品。同类产品比自身产品提前问世，所以自身产品应要更优秀才有存在的价值。单纯地从界面美学评价好与不好是没有客观的标准的，只能说哪个更合适，适合最终用户的就是最好的。

**2. 分析设计阶段**

需求分析完成之后进入设计阶段，也就是方案形成阶段，可以设计出几套不同风格的界面作为备选方案。

**3. 调研验证阶段**

必须保证几套不同风格的方案在同等的设计制作水平上，而不能有明显的差异，这样才能得到用户客观、真实的反馈。

测试阶段开始前应该对测试的具体细节进行清楚的分析描述。

调研阶段需要从以下几个问题出发：用户对各套方案的第一印象、用户对各套方案的综合印象、用户对各套方案的单独评价，选出最喜欢的、其次喜欢的。

分别对各方案的色彩、文字、图形等打分。

结论出来以后请所有用户说出最受欢迎方案的优缺点。以上内容最好用图形直观地表达出来。

**4. 方案改进阶段**

经过用户调研，得到目标用户最喜欢的方案，而且了解到了用户为什么喜欢、方案还有什么不足等，之后就可以进行下一步修改了。这时候可以把精力投入到一个方案上，将方案做到细致精美。

**5. 用户验证反馈阶段**

可以将改正以后的方案推向市场，但是此时设计并没有结束，还需要用户反馈。好的设计师可能会在产品上市以后去站柜台，零距离接触最终用户，了解用户真正使用产品时的感想，从而为以后的升级版本积累经验。

由以上设计过程的描述可知，UI 设计有一个非常科学的推导公式，它有设计师对艺术的理解感悟，但又不仅仅表现设计师个人的绘画小手，所以说这个工作过程是设计过程（UI 设计没有美工）。

### 9.2.2 UI 设计原则与规范

在进行 UI 设计时，应先分析公司产品的特点，制订符合软件产品（或项目）生命周期的 UI 设计流程。每个产品（或项目）的生命周期中，UI 设计师应该严格按照流程，完成每个环节的任务，确保流程得到准确，有效地执行，从而提高产品的可用性，提升产品质量。

无论是控件使用、提示信息措辞，还是颜色、窗口布局风格，都要遵循统一的标准，做到真正的一致。这样做的好处如下。

（1）使用户能够建立精确的心理模型，用户熟悉了一个界面后，切换到另外一个界面也能够很轻松地推测出其各种功能，也不需要耗费精力理解语句。

（2）降低培训、支持成本，支持人员不用费力逐个指导。

（3）统一感觉，使用户不觉得混乱，心情愉快，从而提升支持度。

## 9.3 Axure RP

### 9.3.1 Axure RP 概述

Axure RP 是美国 Axure Software Solution 公司的旗舰产品，是一个专业的快速原型设计工具，使负责定义需求和规格、设计功能和界面的专家能够快速创建应用软件或 Web 网站的线框图、流程图、原型和规格说明文档。作为专业的原型设计工具，Axure RP 能快速、高效地创建原型，同时支持多人协作设计和版本控制管理。

Axure RP 主要针对负责定义需求、定义规格、设计功能、设计界面的专家，包括用户体验（UX）设计师、交互设计（ID）师、业务分析（BA）师、信息架构（IA）师、可用性专家（UE）和产品经理（PM）等。

Axure RP 使原型设计及与用户的交流方式发生了如下变化：更加高效的设计、使用户能够体验动态的原型；更加清晰地交流想法。

### 9.3.2 Axure RP8 软件安装

Axure 免费下载界面如图 9-1 所示。

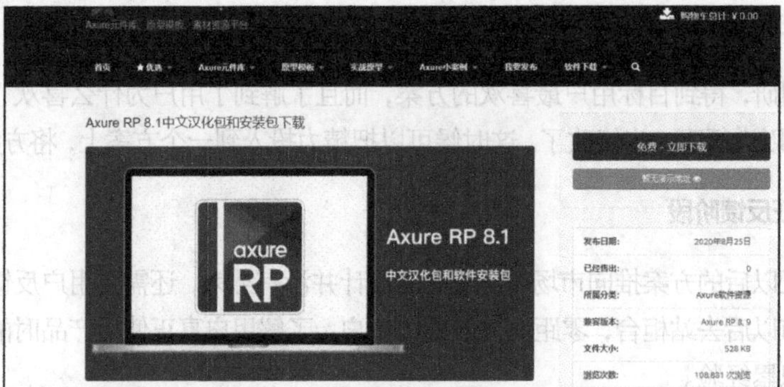


图 9-1　Axure 免费下载界面

单击图标安装 Axture，如图 9-2 所示。

Axure 详细的安装步骤如图 9-3 所示。

图 9-2 Axure 安装

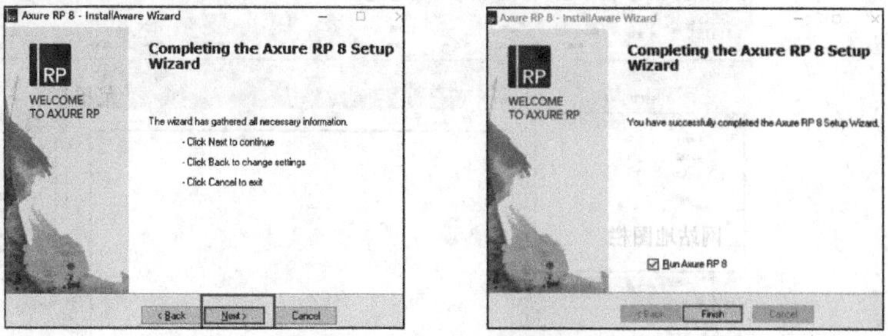


图 9-3 Axure 安装步骤

复制 lang 文件夹，如图 9-4 所示。

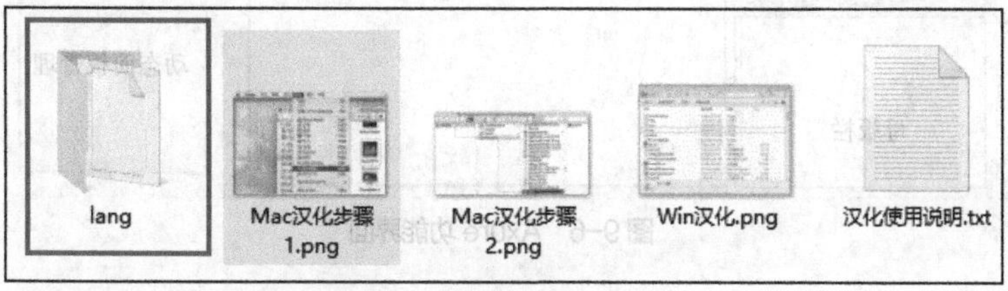


图 9-4 复制 lang 文件夹

将复制的 lang 文件夹放入安装 Axure 文件夹（Axure RP 8）中即可完成汉化，如图 9-5 所示。

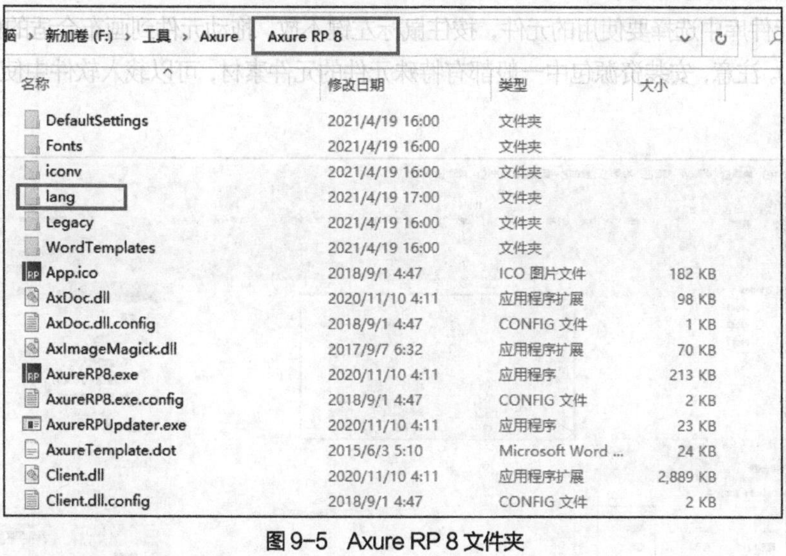


图 9-5 Axure RP 8 文件夹

## 9.3.3 Axure 基本操作

### 1. Axure 界面构成

Axure 功能界面大致划分为 7 个区域：菜单栏、网站地图栏、元件栏、母版栏、页面工作区、控件属性和动态面板管理，如图 9-6 所示。

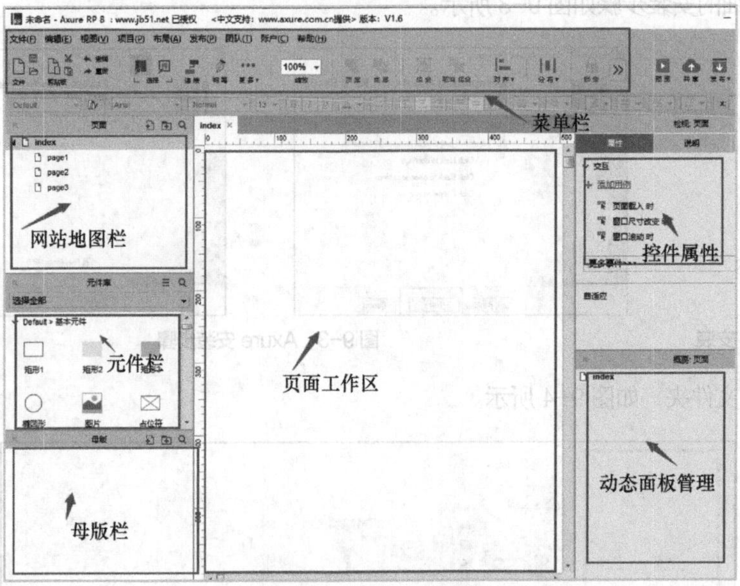


图 9-6　Axure 功能界面

2. 使用元件

**基础 1：添加元件到画布。**

在左侧元件库中选择要使用的元件，按住鼠标左键不放，拖动元件到画布合适的位置松开（如图 9-7 所示）。注意，安装资源包中一般都有特殊元件的元件素材，可以载入软件中使用（如图 9-8 所示）。

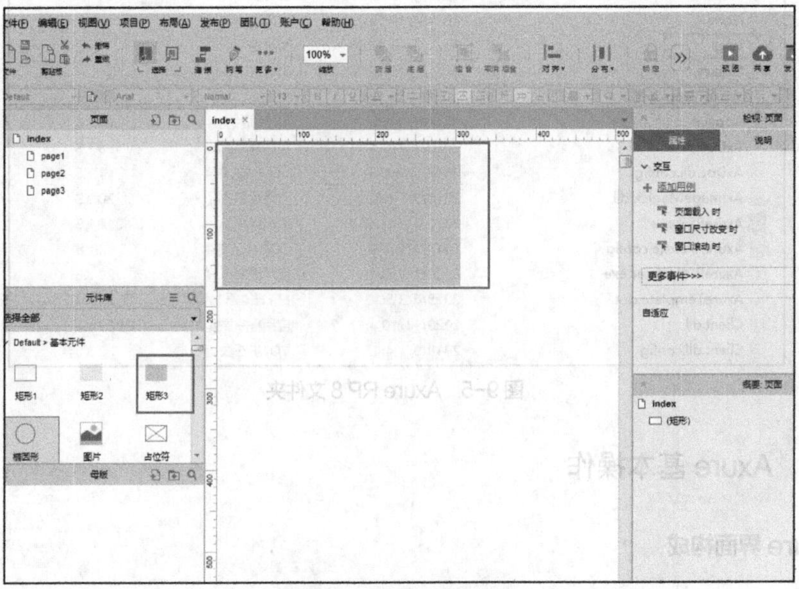

图 9-7　Axure 使用元件

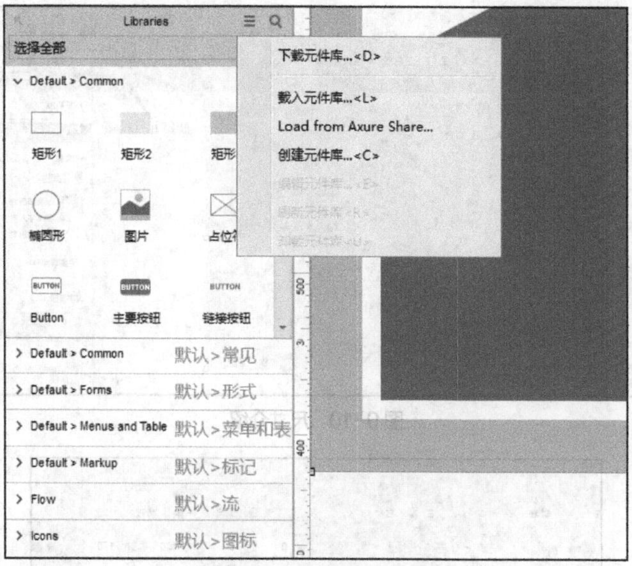


图 9-8 Axure 载入元件库

**基础 2：添加元件名称。**

在文本框属性中输入元件的自定义名称，建议采用英文命名。

建议格式：PasswordInput01 或 Password01（名称含义为序号 01 的密码输入框）。

格式说明："Password"表示主要用途；"Input"表示元件类型，一般情况下可省略，当有不同类型的同名元件需要区分或名称不能明确表达用途的时候不可省略；"01"表示出现多个同名元件时的编号；单词首字母应大写，以便于阅读。同时注意在画原型元件时，要从坐标轴左上角开始，如图 9-9 所示。

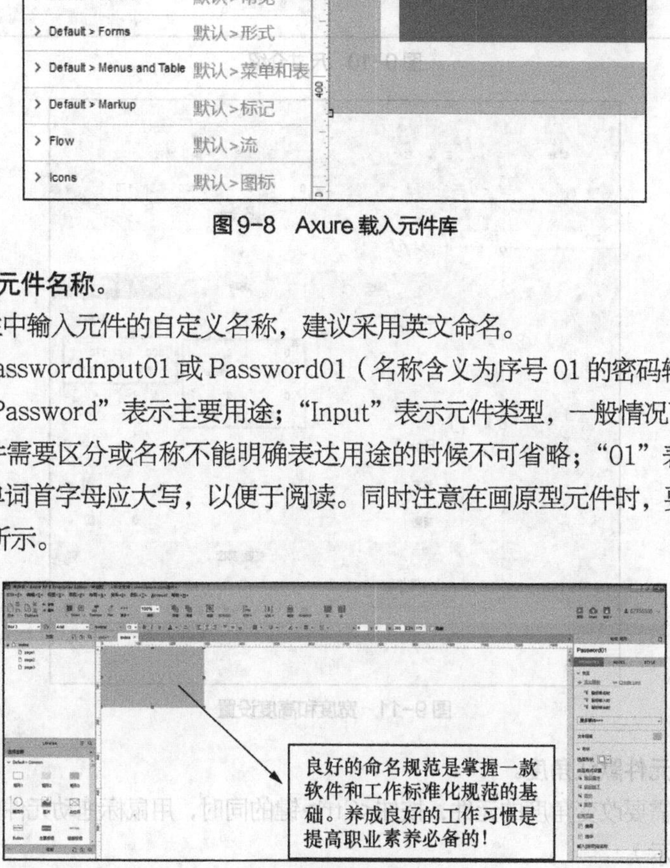


图 9-9 文本输入

**基础 3：设置元件位置/尺寸。**

元件的位置与尺寸可以用鼠标拖拽调整，也可以使用快捷功能或在元件样式中进行输入调整（如图 9-10 所示）。

x 指元件在画布中的 x 轴坐标值。

y 指元件在画布中的 y 轴坐标值。

在输入数值调整元件尺寸时，可以在样式中设置，让元件【保持宽高比例】（如图 9-11 所示）。

w 指元件的宽度值。

h 指元件的高度值。

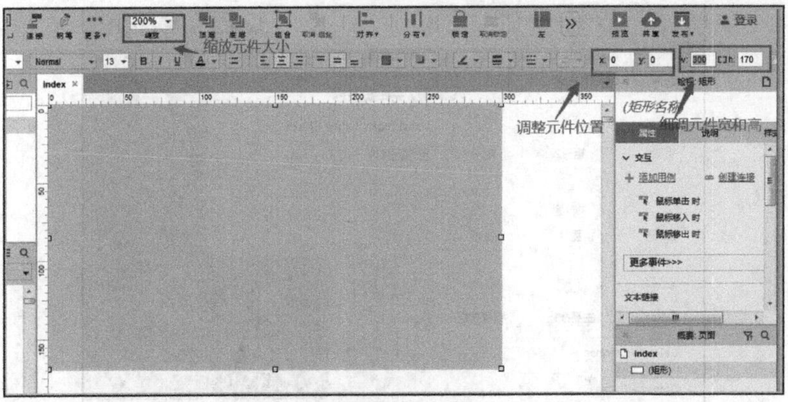


图 9-10　尺寸介绍

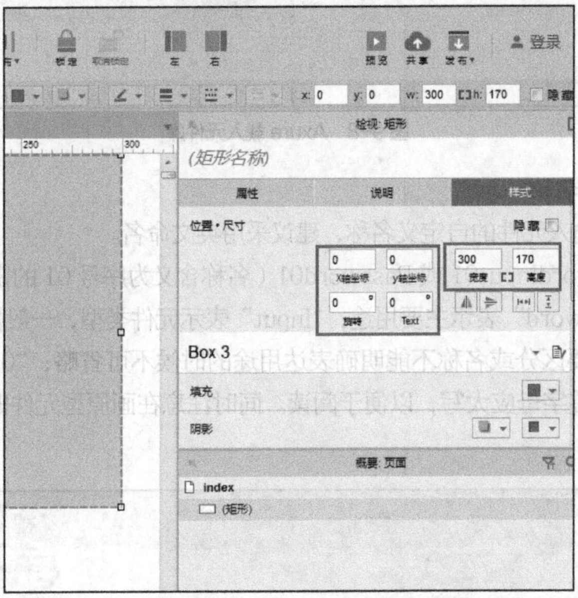

图 9-11　宽度和高度设置

**基础 4：设置元件默认角度。**

方式 1：选择需要改变角度的元件，按住<Ctrl>键的同时，用鼠标拖动元件的节点到合适的角度（如图 9-12 所示）。

方式 2：在元件样式中进行角度的设置，元件的角度与元件文字的角度可以分开设置。

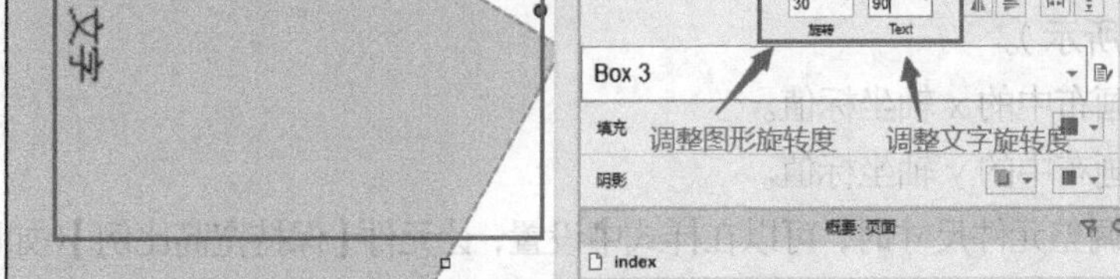


图 9-12　设置角度

**基础 5：设置元件颜色与透明度。**

选择要改变颜色的元件，单击快捷功能区中的背景颜色设置按钮，选取相应的颜色，或者在元件样式中进行设置（如图 9-13 所示）。

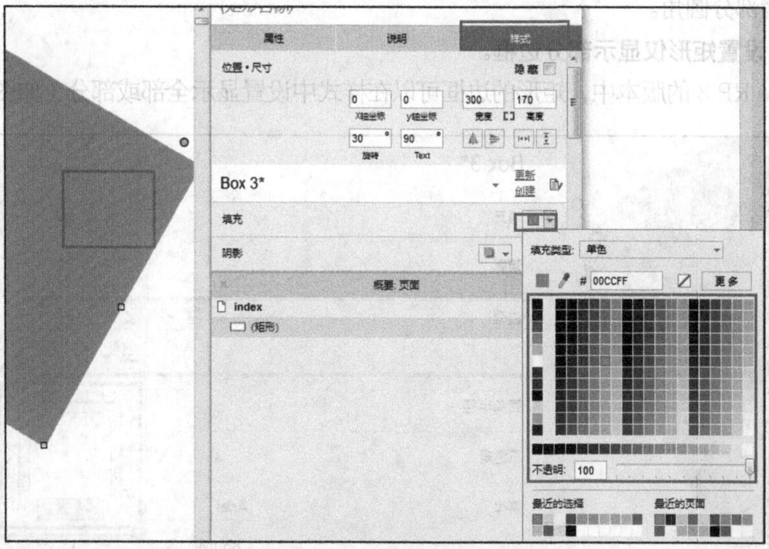


图 9-13　元件颜色和透明度

**基础 6：设置形状或图片圆角。**

可以通过拖动元件左上方的圆点图标进行调整，也可以在元件样式中设置圆角半径来实现形状的设置（如图 9-14 所示）。

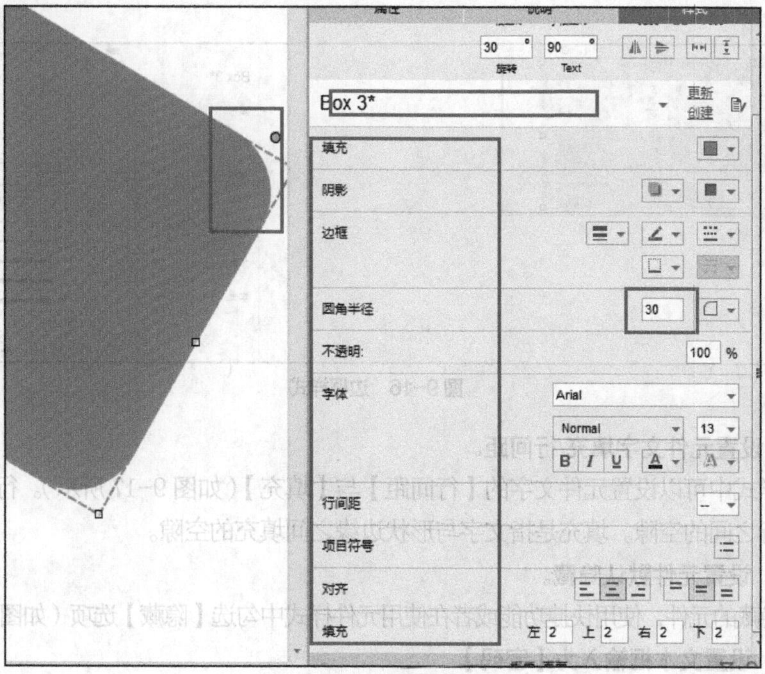


图 9-14　设置圆角半径

（1）圆角半径数值；

（2）设置圆角半径；

（3）拖动改变圆角；

（4）取消部分圆角。

**基础 7：设置矩形仅显示部分边框。**

在 Axure RP 8 的版本中，矩形的边框可以在样式中设置显示全部或部分（如图 9-15 所示）。

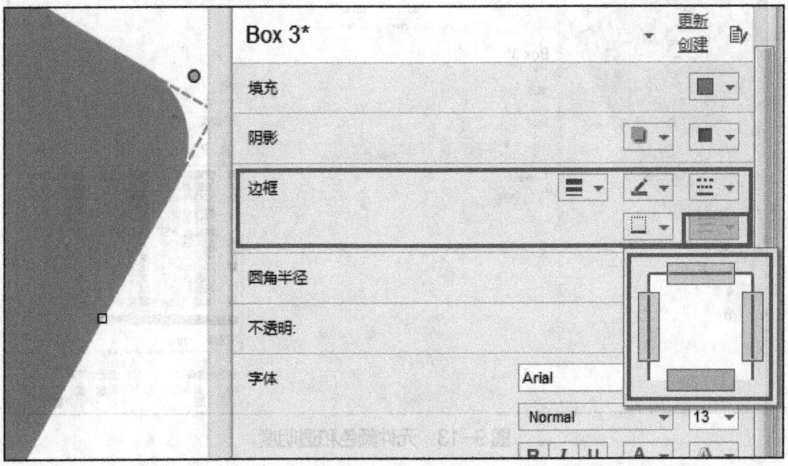


图 9-15　设置矩形

**基础 8：设置线段/箭头/边框样式。**

线段、箭头和元件的边框样式可以使用快捷功能或者在元件样式中进行设置（如图 9-16 所示）。

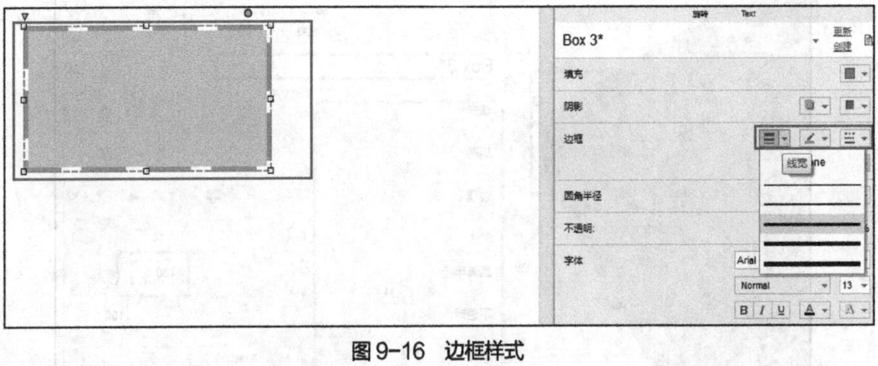


图 9-16　边框样式

**基础 9：设置元件文字填充/行间距。**

在元件样式中可以设置元件文字的【行间距】与【填充】（如图 9-17 所示）。行间距是指文字段落中行与行之间的空隙。填充是指文字与形状边缘之间填充的空隙。

**基础 10：设置元件默认隐藏。**

选择要隐藏的元件，使用快捷功能或者在使用元件样式中勾选【隐藏】选项（如图 9-18 所示）。

**基础 11：设置文本框输入为【密码】。**

在文本框属性中选择文本框的“类型”为【密码】（如图 9-19 所示）。

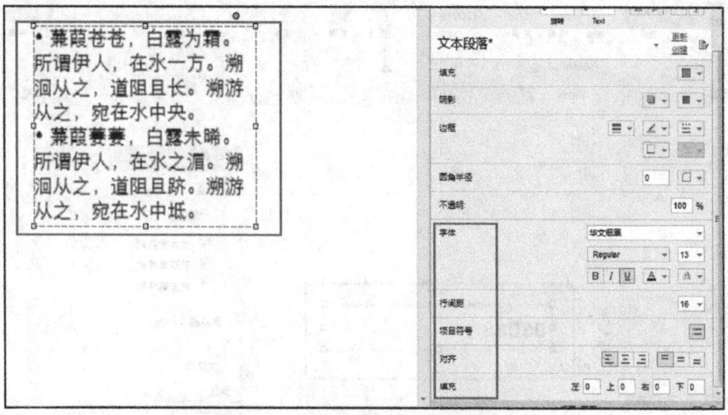


图 9-17 设置元件文字行间距/填充

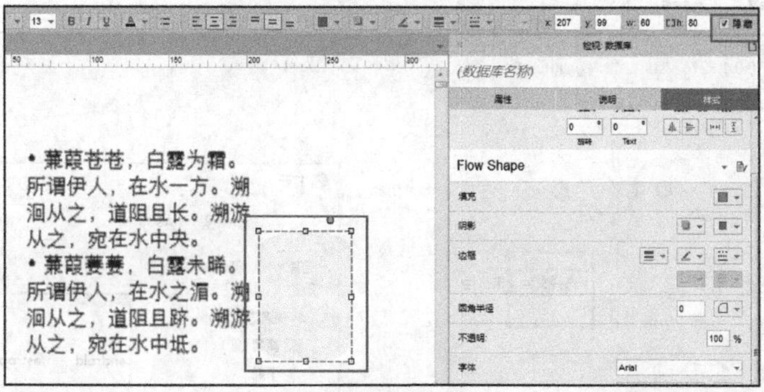


图 9-18 隐藏选项

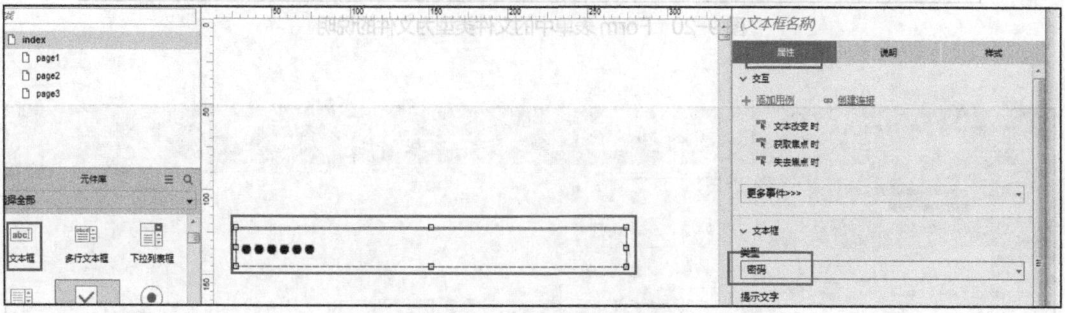


图 9-19 Form 表单的文本输入框

**基础 12：设置打开选择文件窗口。**

在文本框属性中选择文本框的“类型”为【文件】，即可在浏览器中展示打开选择本地文件的按钮，各浏览器中该按钮样式略有不同（如图 9-20 所示）。

下面首先着重介绍两个交互元件的应用：热区、动态面板。后续会对整个元件库的特殊元件进行概括性的示意图演示，并举例说明交互状态中的 4 种模式：鼠标悬停变色、鼠标按下跳转、鼠标选中/移开跳转及交互禁用。

**基础 13：元件库的分类。**

元件库分为六大类（如图 9-21 所示），具体为默认的常见的元件、默认表单元件、默认菜单和表单元件、默认的标记元件、默认的流程图元件、经常会用到的 icon 元件。

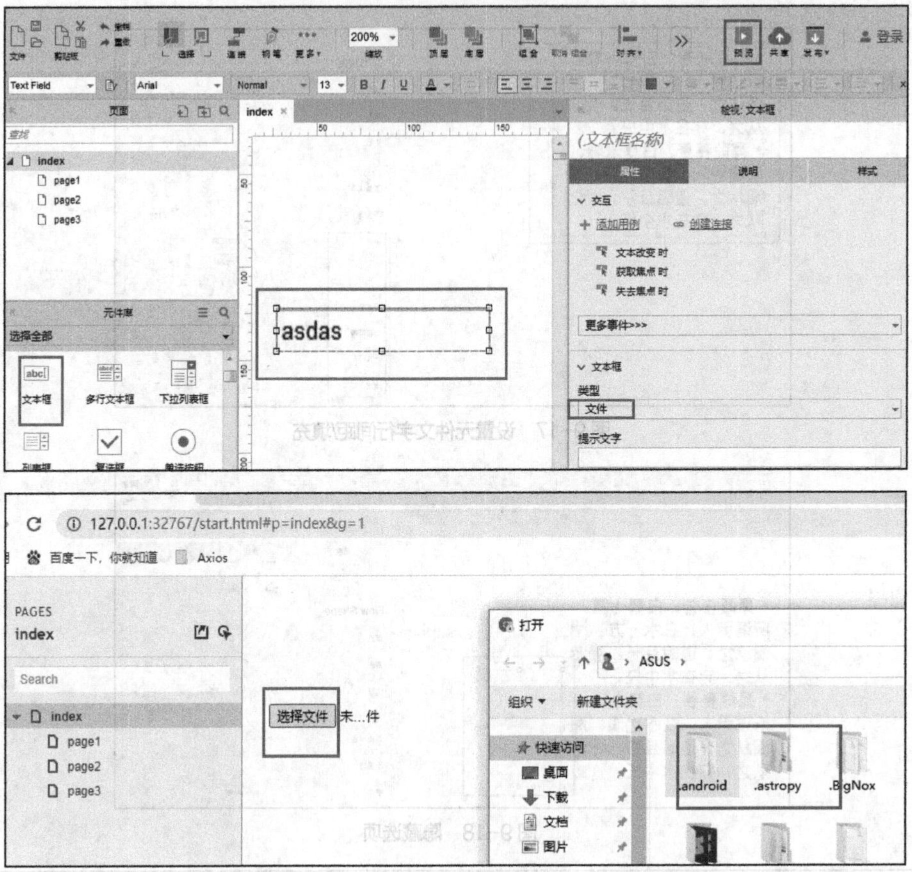


图 9-20　Form 表单中的文件类型为文件的说明

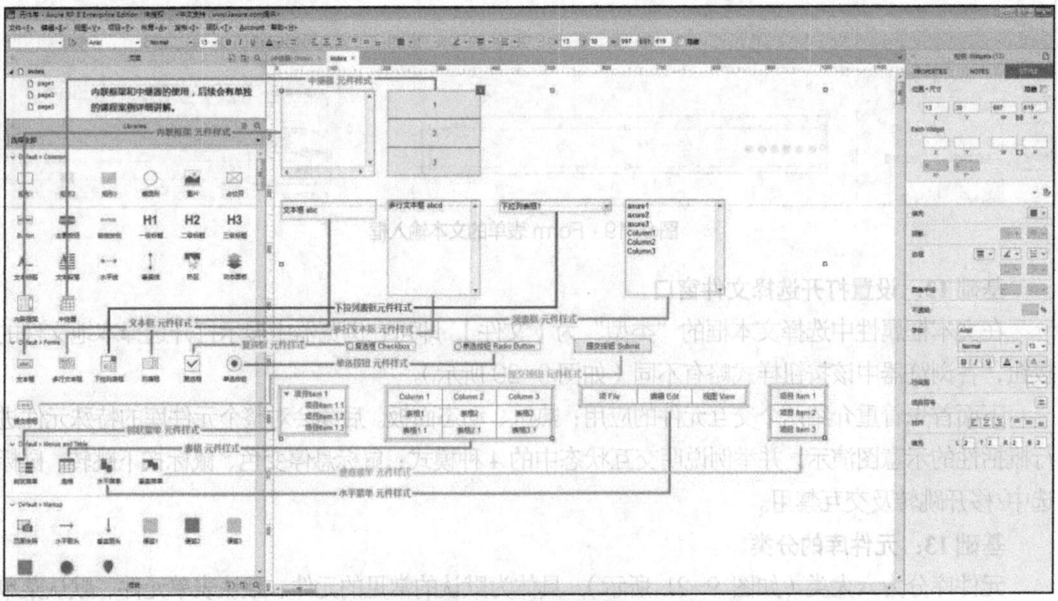

图 9-21　元件库的分类

元件库常见元件浏览器预览效果如图 9-22 所示。

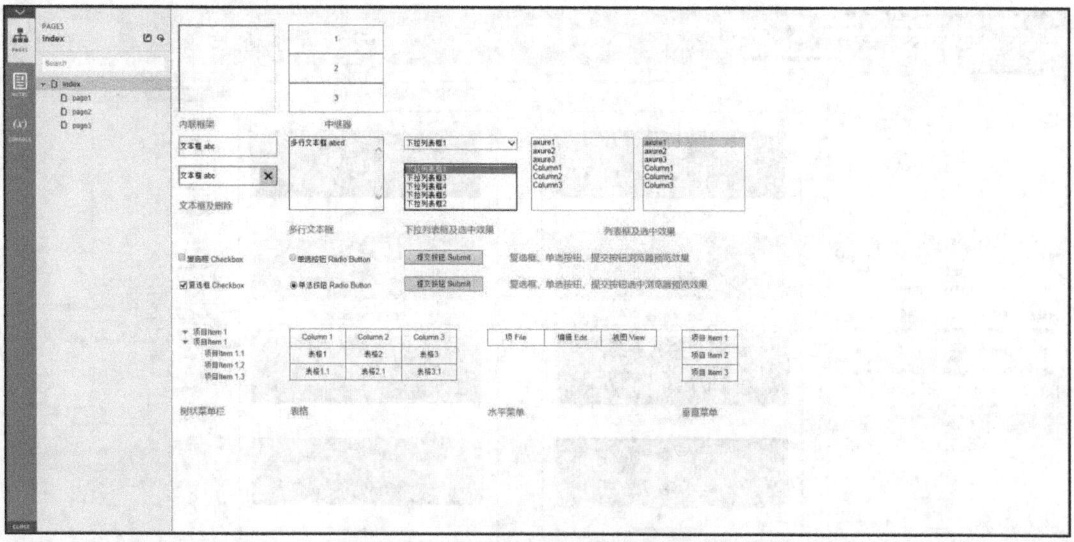


图 9-22　元件库常见元件浏览器预览效果

其他元件库元件示意图如图 9-23 所示。

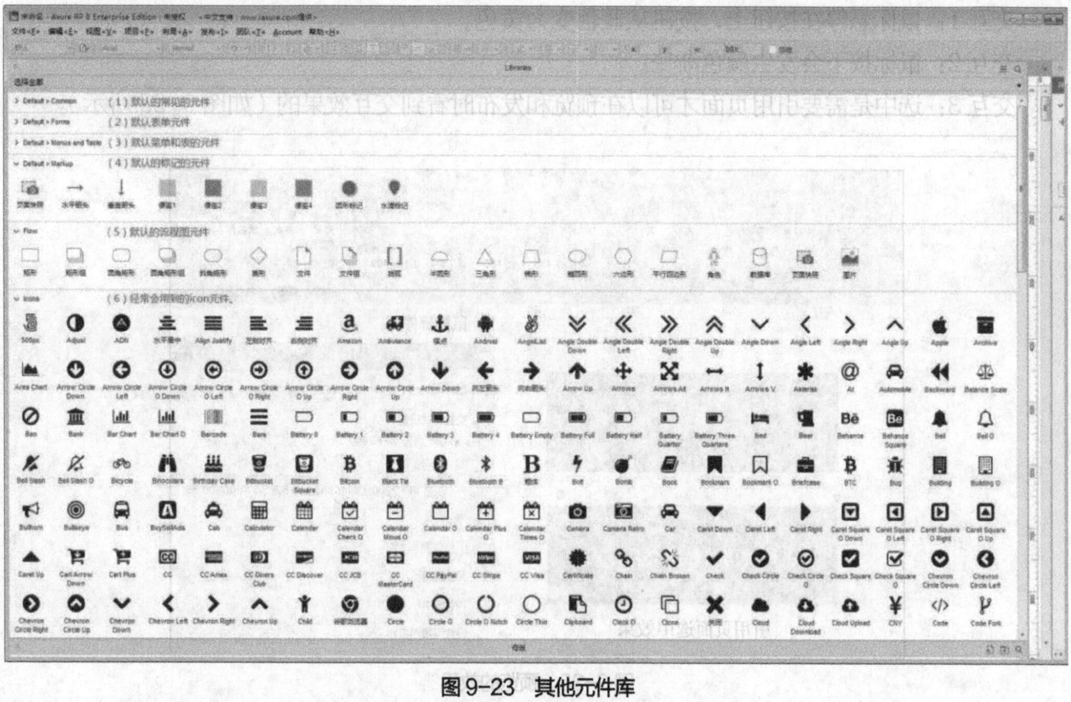


图 9-23　其他元件库

## 9.3.4 Axure 中交互用例添加演示基本操作

**基础 14：交互状态中的两种常见模式（触摸和单击）。**

使用案例 1：4 种常用的触摸交互效果演示（如图 9-24 所示）。

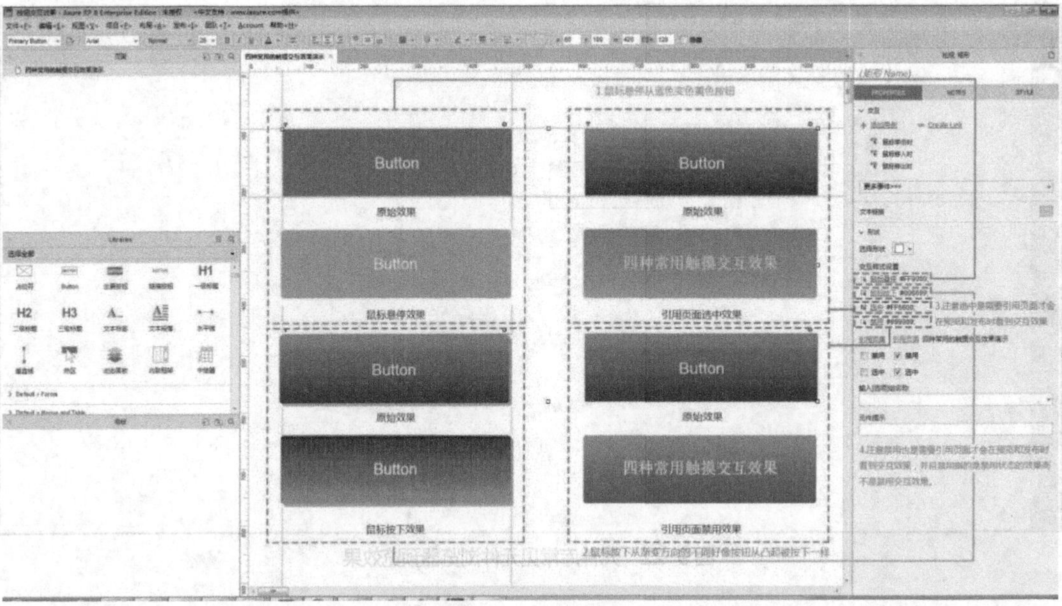


图 9-24　交互效果

交互 1：鼠标悬停在按钮上，按钮从蓝色变为黄色。

交互 2：鼠标按下会发生颜色渐变。

交互 3：选中是需要引用页面才可以在预览和发布时看到交互效果的（如图 9-25 所示）。

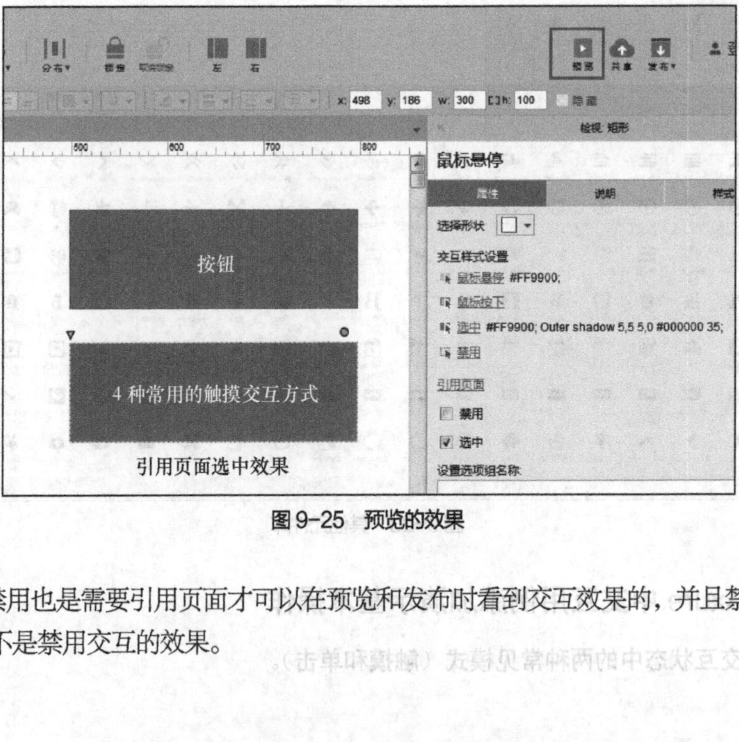


图 9-25　预览的效果

交互 4：禁用也是需要引用页面才可以在预览和发布时看到交互效果的，并且禁用指的是禁用状态的效果而不是禁用交互的效果。

使用案例 2：3 种常用的单击跳转交互效果演示。

导入图片,如图 9-26 所示。

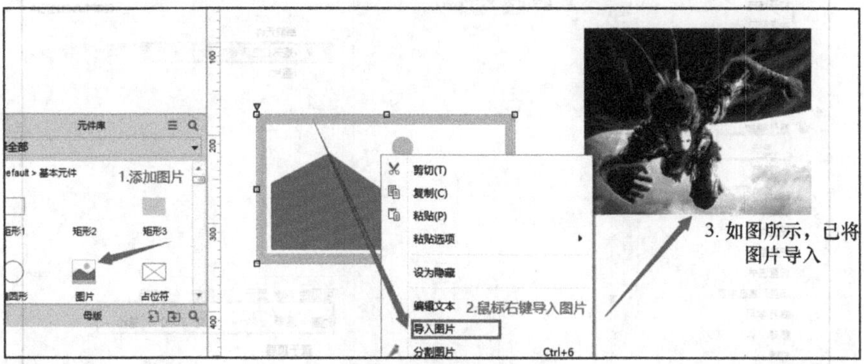


图 9-26　导入图片

交互 1：通过鼠标移入，实验要求如图 9-27 所示。

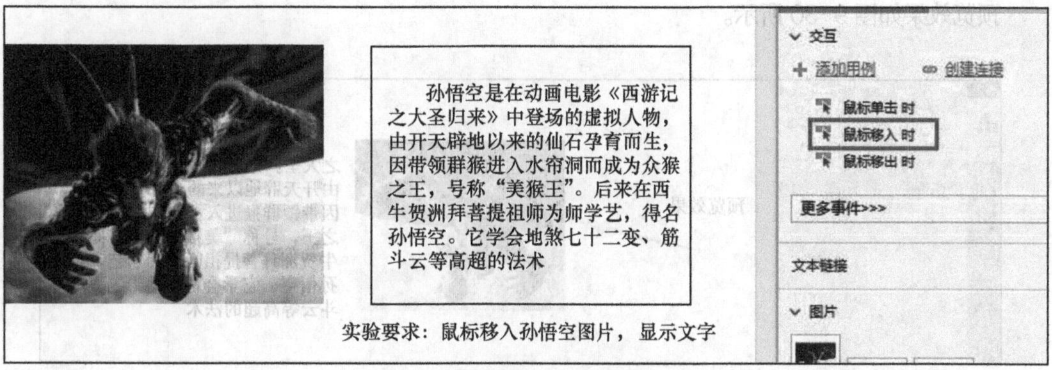


图 9-27　鼠标移入实验要求

将文字最初状态设置为隐藏，如图 9-28 所示。

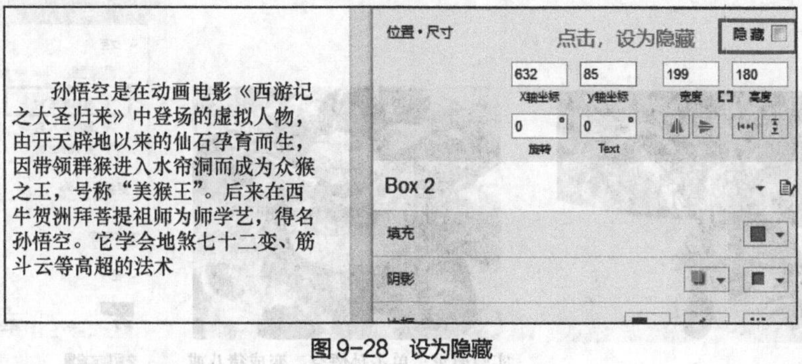


图 9-28　设为隐藏

鼠标移入交互，具体设置显示操作如图 9-29 所示。

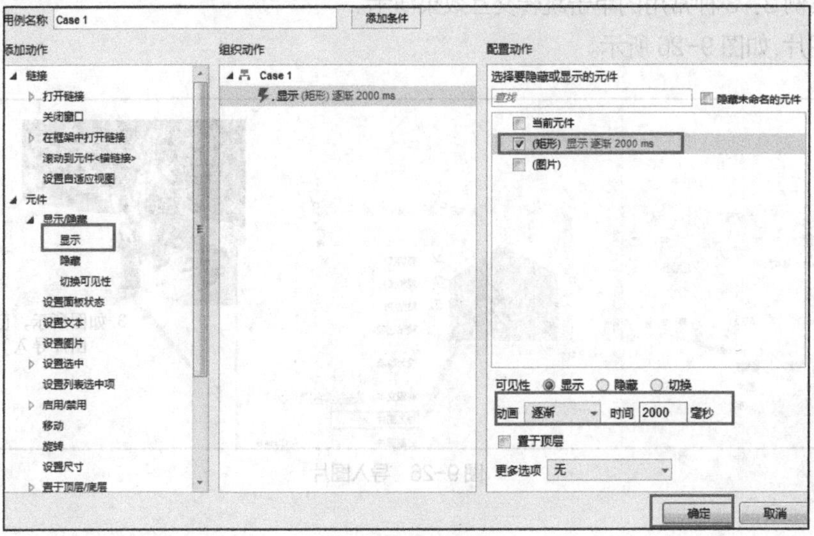

图 9-29 设置显示

预览效果如图 9-30 所示。

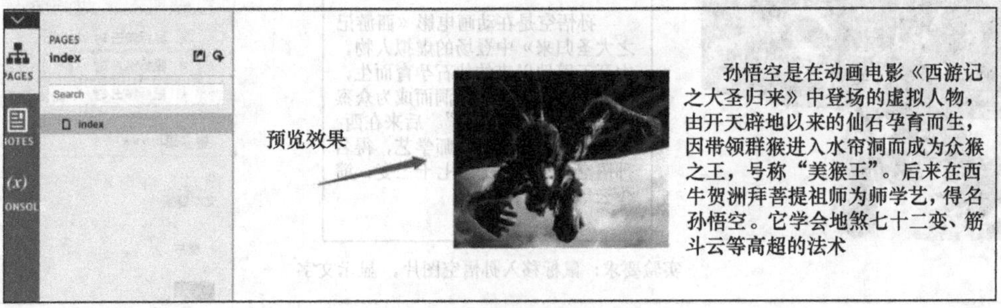
PAGES
index
Search
index
预览效果
孙悟空是在动画电影《西游记之大圣归来》中登场的虚拟人物，由开天辟地以来的仙石孕育而生，因带领群猴进入水帘洞而成为众猴之王，号称“美猴王”。后来在西牛贺洲拜菩提祖师为师学艺，得名孙悟空。它学会地煞七十二变、筋斗云等高超的法术
图 9-30 鼠标移入预览效果

交互 2：通过鼠标单击实现跳转，实验要求如图 9-31 所示。

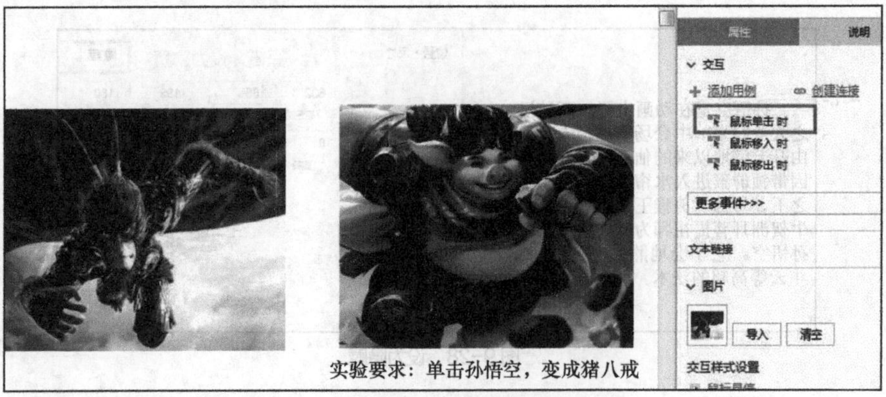

图 9-31 通过鼠标单击实现跳转实验要求

鼠标单击交互操作如图 9-32 所示。

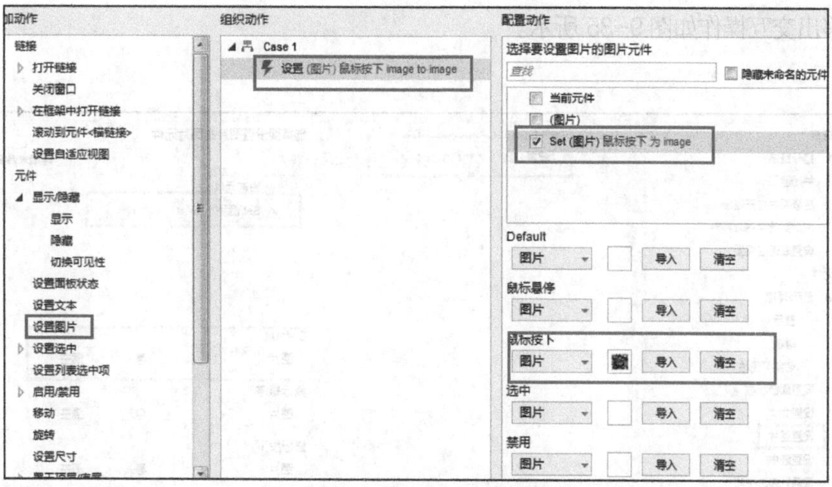


图 9-32 鼠标单击交互操作

预览效果如图 9-33 所示。

图 9-33 鼠标单击预览效果

交互 3：通过鼠标移出实现跳转，实验要求如图 9-34 所示。

图 9-34 鼠标移出跳转实验要求

鼠标移出交互操作如图 9-35 所示。

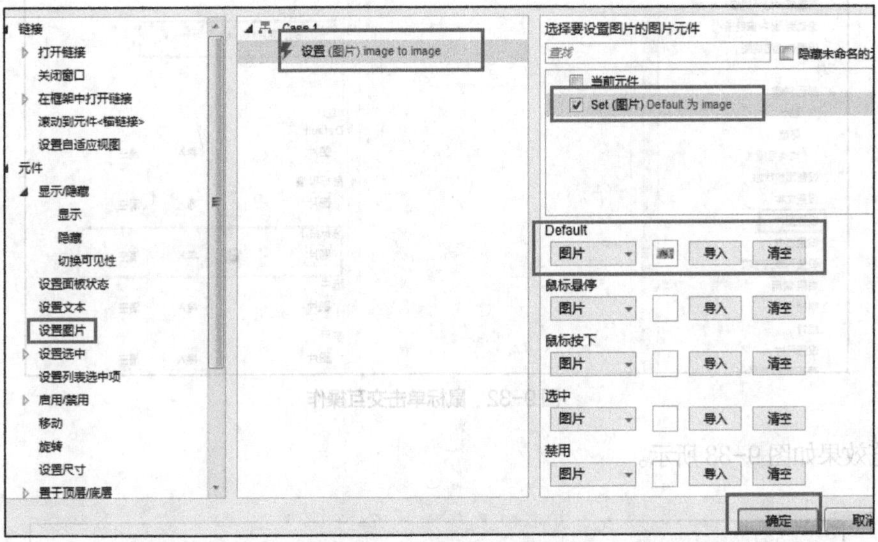


图 9-35　鼠标移出交互操作

鼠标移出交互操作预览效果如图 9-36 所示。

图 9-36　鼠标移出交互操作预览效果

**基础 15：如何使用热区实现交互？**

图片热区是一个不可见的（透明的）层，这个层允许用户将其放在任何区域上添加交互。图片热区可以用来创建自定义按钮上的单击区域。

上面的例子中使用了图片部件、文字部件、形状按钮部件，只需在这些部件上添加一个图片热区并添加一次事件即可，而无须在每个部件上都添加事件，如图 9-37 所示。

实验要求：在大师兄和二师兄的名字上各添加一个热区，并置顶（如图 9-38 所示），给热键添加一个单击事件（如图 9-39 所示），要求无论单击“大师兄”还是“二师兄”的名字，都能跳转到 New Page 1 页面，如图 9-40 所示。

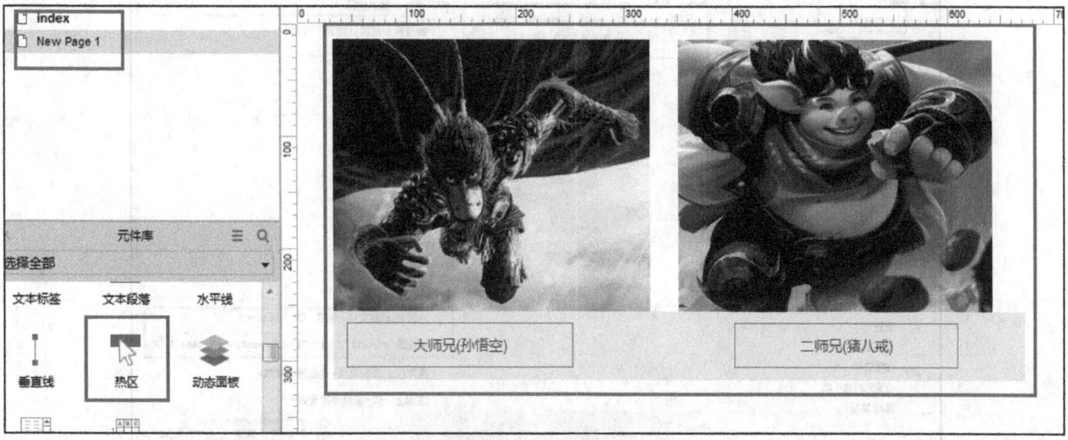


图 9-37 热区添加

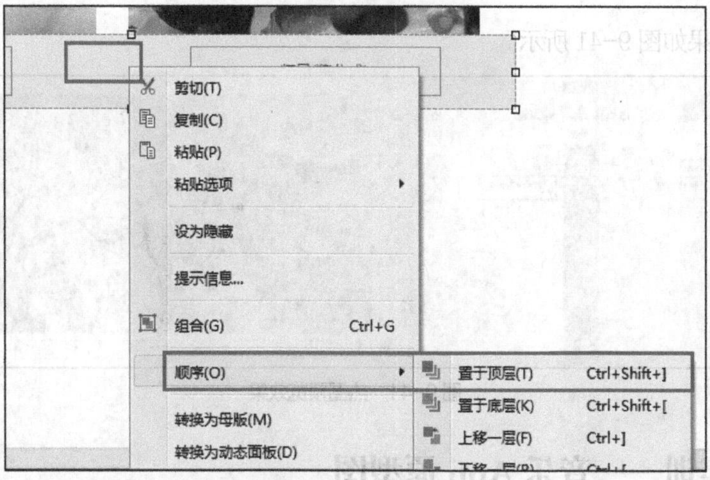


图 9-38 热区置顶

图 9-39 New Page 1 路径

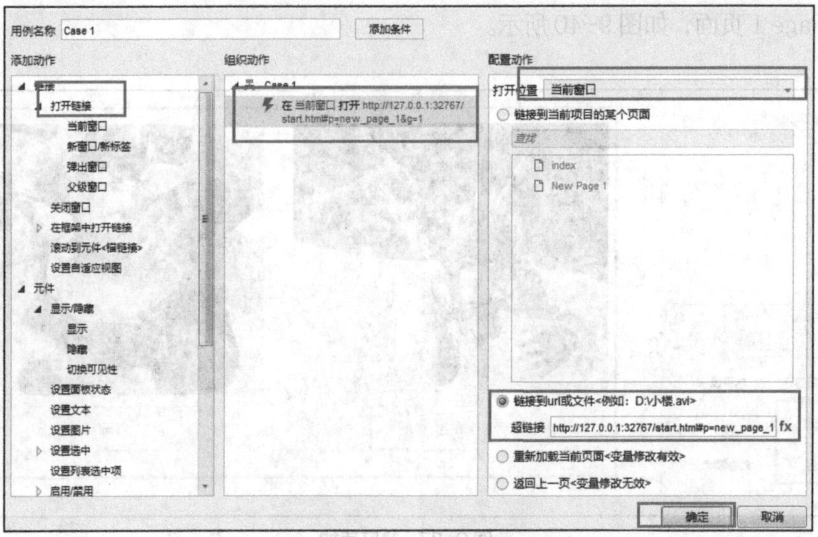

图 9-40　New Page 1 界面

热图预览效果如图 9-41 所示。

图 9-41　热图预览效果

## 9.4　项目实训——音乐 App 原型图

### 1. 实验需求

本项目的音乐原型图设计用于 HTML 网页展示，目的是通过不同数据和资源的导入展现漂亮的 App 界面，如图 9-42 所示。

### 2. 实验步骤

（1）创建大小外框；
（2）设计第一行：“设置”“我”“乐库”“发现”“搜索”；
（3）创建头像和用户名组件；
（4）设计“本地音乐”和“100 首”；
（5）设计“喜欢”“歌单”“下载”最近能够单击跳转的图片；
（6）设计“试点听歌”“直播 MV”“我要唱歌”的基本组件；

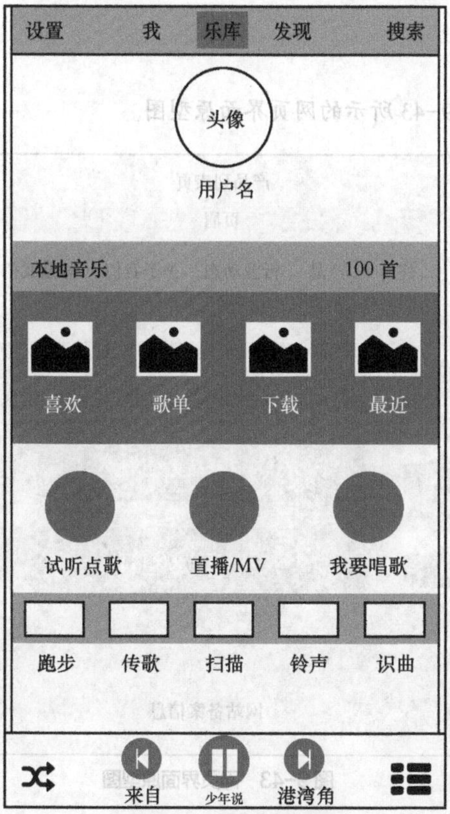


图 9-42　音乐 App 原型图

（7）设计“跑步”“传歌”“扫描”“铃声”“识曲”跳转的基本组件；

（8）设计“播放方式”“上一首歌”“播放”“下一首歌”“歌单列表”组件。

## 本 章 小 结

本章介绍了 Axure RP 8 的安装和使用方法，需要读者熟练运用 Axure 内部的基础元件，如基本元件、表单元件、菜单元件等。另外，也要能够熟练运用四大交互样式、三大交互事件。

## 习　　题

### 一、单选题

1. Axure 使用的版本是以下哪个？（　　）

   A. Axure RP 8　　B. Axure RP 9　　C. Axure RP 10　　D. Axure RP 11

2. Axure 是什么工具？（　　）

   A. 编写 Python 的软件工具　　B. 进行 UI 设计的工具

   C. 快速制图工具　　D. 快速制作原型的工具

## 二、上机实践

使用 Axure，设计如图 9-43 所示的网页界面原型图。

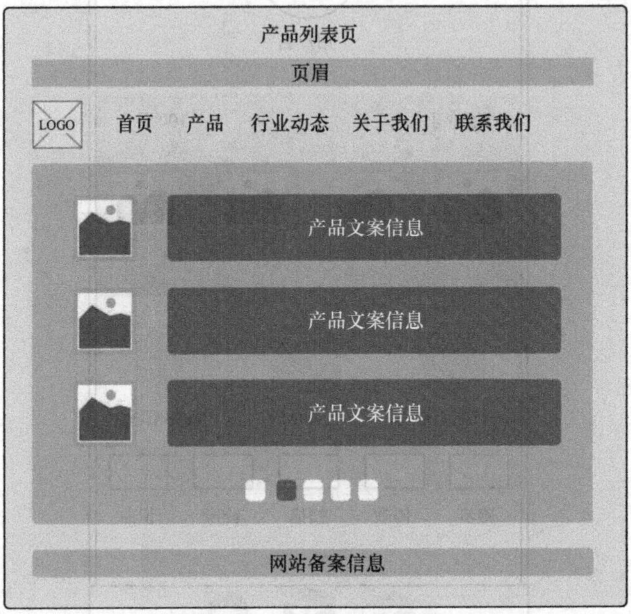


图 9-43　网页界面原型图

# 第10章 Web界面制作

## 本章导学

HTML（Hyper Text Mark-up Language，超文本标记语言）是一种建立网页文件的语言，可通过标记式的指令（Tag），将影像、声音、图片、文字动画等内容显示出来。事实上，每一个HTML文档都是一个静态的网页文件，这个文件包含了HTML指令代码，这些指令代码并不是程序语言，只是排版网页中资料显示位置的标记结构语言，非常简单。HTML的普遍应用就是超文本技术——通过单击鼠标从一个主题跳转到另一个主题，从一个页面跳转到另一个页面。超文本传输协议规定了浏览器在运行HTML文档时应遵循的规则和进行的操作，使浏览器在运行超文本时有了统一的规则和标准。

为了满足页面设计者的要求，HTML添加了很多显示功能。但是随着这些功能的增加，HTML变得越来越杂乱，页面也越来越臃肿，于是CSS（Cascading Style Sheets，层叠样式表）便诞生了。CSS不仅可以静态地修饰网页，还可以配合各种脚本语言动态地对网页中的各元素进行格式化。CSS能够对网页中元素位置的排版进行像素级精确控制，支持几乎所有的字体、字号，拥有对网页对象和模型样式编辑的能力。

本章首先介绍HTML的基本标签和属性，然后深入了解CSS样式、动画效果的实现，完成Web界面制作，再学习使用ECharts实现不同的图表，为后续学习爬虫、大数据的数据可视化技术打下基础。

## 学习目标

（1）掌握使用HTML构建前端静态页面。

（2）掌握CSS和CSS3相关属性。

（3）运用CSS3中的变形和动画美化网页提升用户体验。

（4）使用ECharts插件进行数据可视化渲染。

# 10.1 界面制作

## 10.1.1 运用 HTML/HTML5 常用标签进行网页设计

### 1. HTML 介绍

HTML 是一种制作万维网页面的标准语言，它是目前网络上应用最为广泛的语言之一，也是构成网页文档的主要语言。HTML 文件是由 HTML 命令组成的描述性文本，HTML 命令可以说明文字、图形、动画、声音、表格、链接等。

在 Pycharm 中创建 HTML 文件如图 10-1 所示。

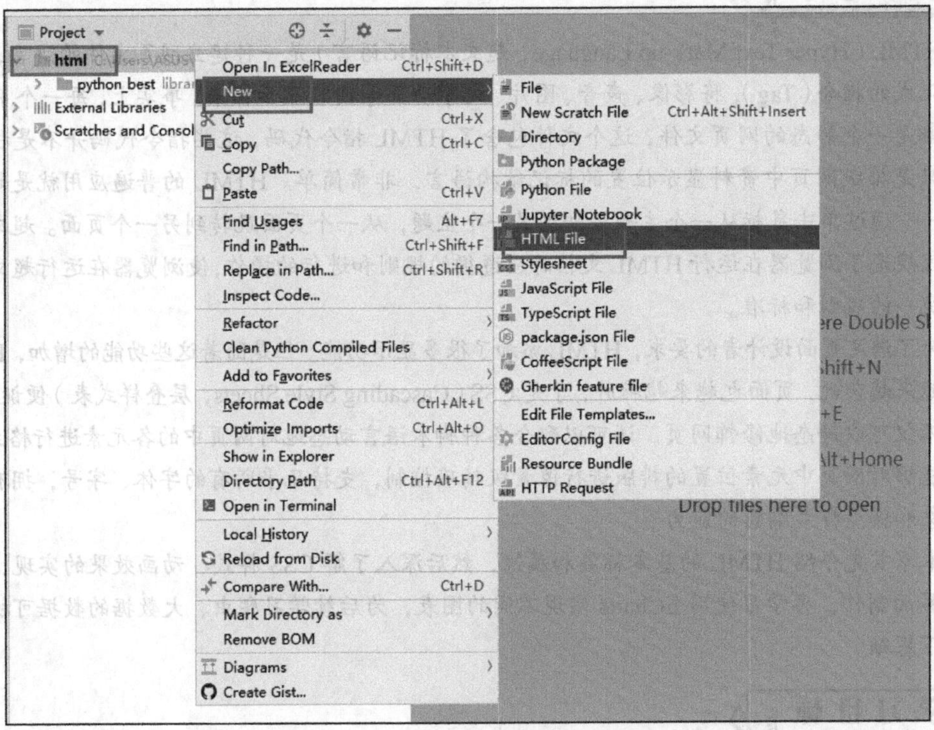


图 10-1 在 Pycharm 中创建 HTML 文件

创建第一个网页，如图 10-2 所示。

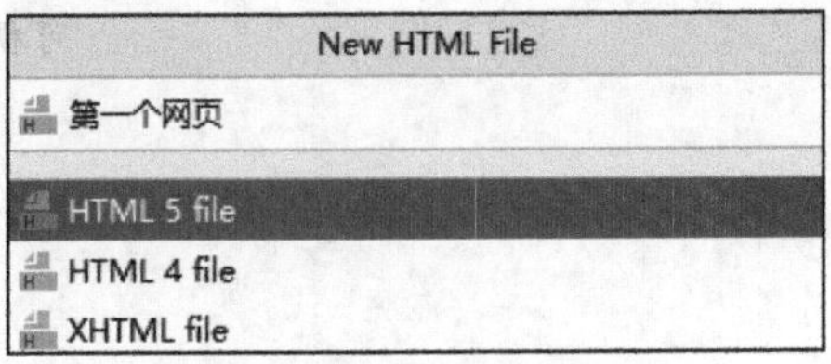


图 10-2 创建第一个网页

第一个网页.html 文件效果如图 10-3 所示。

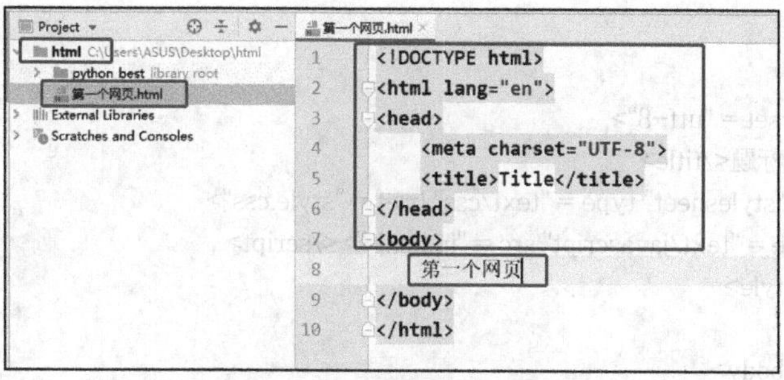


图 10-3　第一个网页.html 文件

运行方法：单击浏览器图标，选择“Run”，如图 10-4 所示。

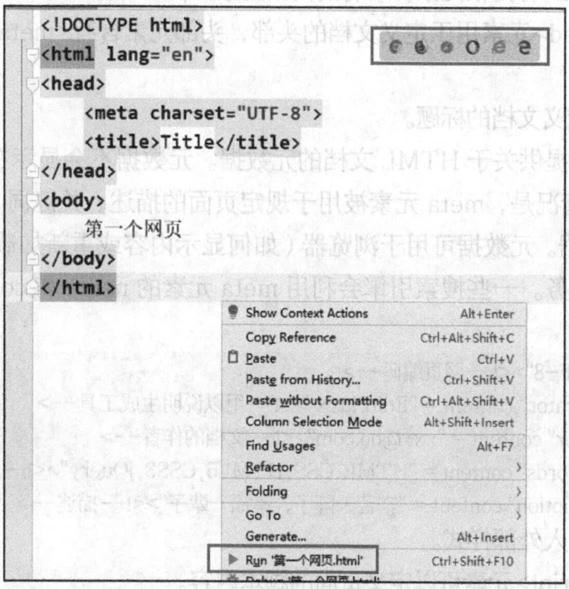


图 10-4　HTML 网页文件的运行方式

在浏览器预览查看效果，如图 10-5 所示。

图 10-5　网页运行效果

## 2. HTML 文件结构

HTML 文件结构如下。

```
<html>
  <head>
    <meta charset = "utf-8">
    <title>文档标题</title>
    <link rel = "stylesheet" type = "text/css" href = "style.css">
    <script type = "text/javascript" src = "index.js"></script>
    <style></style>
  </head>
  <body>......</body>
</html>
```

其中：

（1）<html></html>称为根元素，所有的网页元素都在<html></html>中。

（2）<head></head>元素用于定义文档的头部，头部元素含有<meta>、<title>、<link>、<script>、<style>。

（3）<title>标签定义文档的标题。

（4）<meta>标签提供关于 HTML 文档的元数据。元数据不会显示在页面上，但是对于机器是可读的。典型的情况是，meta 元素被用于规定页面的描述、关键词、文档的作者、最后修改时间以及其他元数据。元数据可用于浏览器（如何显示内容或重新加载页面）、搜索引擎（关键词）或其他 Web 服务。一些搜索引擎会利用 meta 元素的 name 和 content 属性进行索引，如下。

```
<meta charset = "UTF-8"><!--网页编码-->
<meta name = "Generator" content = "EditPlus®"><!--用以说明生成工具-->
<meta name = "Author" content = "xxx@qq.com"><!--文档的作者-->
<meta name = "Keywords" content = "HTML,CSS,HTML5,CSS3,jQuery"><!--关键字-->
<meta name = "Description" content = "辛苦一阵子，幸福一辈子"><!--描述-->
```

（5）<link>元素引入外部样式。

（6）<script></script>元素可以定义页面的脚本内容。

（7）<style></style>标签用于为 HTML 文档定义样式信息。

（8）<body></body>元素用于定义网页显示的内容。

基本标签介绍如下。

（1）<div>div 标签是可用于组合其他 HTML 元素的容器。

（2）可用于对大的内容块设置样式属性。

（3）文档布局取代了使用表格定义布局的旧方法。

（4）<hx>hx 是 HTML 的标题，只用于标题，不要仅仅为生成粗体或字号大的文本而使用标题。html 提供的标题有 6 种，分别是 h1、h2、h3、h4、h5、h6。其中，<h1>定义字号最大的标题，代表大标题，一般一个页面只用一次；<h6>定义字号最小的标题。

（5）<p>p 元素定义段落，会自动在其前后创建一些空白，浏览器会自动添加这些空间。

（6）<br>br 元素会在浏览器中插入一个简单的换行符。

（7）<hr>hr 标签定义 HTML 页面中的主题变化（比如话题的转移），并显示为一条水平线。

（8）<a>a 标签用来设置超文本链接。超文本链接可以是一个字、一个词或者一组词，也可以是一幅图像，可以单击这些内容以跳转到新的文档或者当前文档中的某个部分。其中，href 属性描述了链接的目标URL（Uniform Resource Locator，统一资源定位符）；target属性设置了链接跳转方式。

（9）<img>img标签用来声明图像的插入。其中，src属性规定显示图像的URL（URL为图像的相对路径和绝对路径均可）；alt属性规定图像的替代文本；title属性定义图片的标题，鼠标指针移动到图片上时会出现标题。

（10）<span>span用来组合文档中的行内元素,可用作文本的容器。span元素没有固定的格式，当对它应用样式时，它才会产生视觉上的变化。

（11）<ul>ul标签作为无序列表，是一个项目的列表，使用粗体圆点（典型的小黑圆圈）进行标记此列项目，无序列表始于<ul>标签，每个列表项始于<li>标签，如下。

```
<ul>
  <li>无序列表一</li>
  <li>无序列表二</li>
</ul>
```

（12）<ol>有序列表也是一列项目，列表项目使用数字进行标记。有序列表始于<ol>标签，每个列表项始于<li>标签，如下。

```
<ol>
  <li>有序列表一</li>
  <li>有序列表二</li>
</ol>
```

（13）<!-- 注释 -->注释标签用于在源代码中插入注释，注释不会显示在浏览器中。可使用注释对代码进行解释，这样有助于以后对代码进行修改，在编写了大量代码时尤其有用。注释示例如下。

```
<!-- 这就是一个p标签的写法 ,快捷方式：ctrl+/-->
<p>这是一个p标签</p>
```

### 10.1.2 常用标签属性

HTML除了基本的布局标签以外，还有部分标签拥有强大的交互功能，比如表单标签可以实现基本的登录、注册操作。通过对标签的属性进行设置，也可以实现一些交互效果。

#### 1. 通用属性

通用属性指的是所有标签都拥有的属性。

（1）id规定元素的唯一编号。

（2）class规定元素的类名。

（3）style规定元素的行内样式。

（4）title规定元素的额外信息，当鼠标指针放在元素上时，会提示文本内容。

```
<!--以下代码是实际开发的案例-->
<div class = "wrapper" id = "wrapper" style = "background: red;" title = "此处鼠标指针悬停显示此段信息
"></div>
```

#### 2. table表格

在HTML中，<table>标签表示一个表格，每个表格均有若干行（由<tr>标签定义），每行被分割为若干单元格（由<td>标签定义）。

**3. 表格属性**

（1）border：设置表格边框。

（2）width：设置表格宽度。

（3）align：设置表格对齐。

（4）cellpadding：设置单元格间距。

（5）cellspacing：设置像素间隙。

常见表格展示如下。

```
<table width = "500" border = "1" align = "center" cellpadding = "0" cellspacing = "0" >
    <tr>
    <td>ID</td>
    <td>姓名</td>
    <td>性别</td>
    </tr>
    <tr>
    <td>1</td>
    <td>张三</td>
    <td>男/td>
    </tr>
</table>
```

**4. td 跨行/跨列属性**

rowspan 属性定义单元格应该纵跨的行数，展示如下。

```
<!-- 单元格纵跨两行 -->
<table border = "1">
    <tr>
    <th>First Name: </th>
    <td>Bill Gates</td>
    </tr>
    <tr>
    <th rowspan = "2">Telephone: </th>
    <td>555 77 854</td>
    </tr>
    <tr>
    <td>555 77 855</td>
    </tr>
</table>
```

colspan 属性定义单元格应该横跨的列数，展示如下。

```
<!-- 单元格横跨两格 -->
<table border = "1">
    <tr>
    <th>Name</th>
    <th colspan = "2">Telephone</th>
    </tr>
```

```
    <tr>
    <td>Bill Gates</td>
    <td>555 77 854</td>
    <td>555 77 855</td>
    </tr>
</table>
```

**5. 完整的 table（表格）**

一个完整的 table 一般包含<thead><tbody>和<tfoot>元素，用来规定表格的各个部分（表头、主体、页脚）。

（1）<thead>标签用于规定组合 HTML 表格的表头内容。

（2）<tbody>标签用于规定组合 HTML 表格的主体内容。

（3）<tfoot>标签用于规定组合 HTML 表格的页脚内容。

```
<!-- 完整表格实例 -->
<table width = "500" border = "1" align = "center" cellpadding = "0" cellspacing = "0">
<thead>
    <tr align = "center">
    <td>姓名</td>
    <td>年龄</td>
    </tr>
</thead>
<tbody>
    <tr align = "center">
    <td>王五</td>
    <td>25</td>
    </tr>
</tbody>
<tfoot>
    <tr align = "center">
    <td colspan = "2">底部</td>
    </tr>
</tfoot>
</table>
```

**6. form 表单标签**

表单是一个包含表单元素的区域，允许用户在表单（如文本域、下拉列表、单选框、复选框等）中输入信息的元素。

**7. 表单常用属性**

（1）name：规定表单的名称。

（2）action：规定当提交表单时，向何处发送表单数据。

（3）method：规定如何发送表单数据（表单数据发送到 action 属性所规定的页面），通常用 post、get 方式请求。

#### 8. 表单元素

HTML 的表单元素有<input>、<textarea>、<button>、<select>。

（1）input 标签：根据不同的 type 属性，其可以变化为多种状态输入方式。

① <input type = "text" />：定义供文本输入的单行输入字段。

② <input type = "password" />：定义密码字段。

③ <input type = "submit" />：定义提交表单数据至表单处理程序的按钮。

④ <input type = "image" />：定义图片提交按钮。

⑤ <input type = "radio" />：定义单选按钮，checked 表示属性为选中状态（不管值为多少）。

⑥ <input type = "checkbox" />：定义复选框，checked 表示属性为选中状态（不管值为多少）。

⑦ <input type = "button" />：定义普通按钮。

⑧ <input type = "reset" />：定义重置按钮。

⑨ <input type = "file" />：定义文件框。

（2）textarea 标签：定义多行的文本输入控件。

① rows：规定文本区内的可见行数。

② cols：规定文本区内的可见宽度。

（3）button 标签：定义一个按钮，根据不同的 type 属性展示不同的按钮类型。

① button：定义普通按钮。

② reset：定义重置按钮。

③ submit：定义提交按钮。

（4）select 标签：定义可单选或多选下拉菜单，包含若干个可选项（<option>）。

① size：规定下拉列表中可见选项的数目。

② multiple：规定可选择多个选项。

#### 9. 表单通用属性

表单的通用属性有 name、value、readonly、disabled。

（1）name：规定输入字段名称。

（2）value：规定输入字段的初始值。

（3）readonly：规定输入字段为只读。

（4）disabled：规定输入字段是禁用的。

### 10.1.3 CSS/CSS3 选择器的基本用法

#### 1. CSS 介绍

CSS 又称级联样式列表，由 W3C（World Wide Web Consortium）定义和维护标准，是一种用来为结构化文档（如 HTML 文档或 XML 应用）添加样式（字体、间距和颜色等）的计算机语言。CSS 能够对网页中元素位置的排版进行像素级精确控制，支持所有的字体字号样式，具有对网页对象和模型样式编辑的能力。

**2. 基本语法**

CSS 语法由 3 个部分组成：选择器（selector）、属性（property）、属性值（value）。如 selector { property：value }。

（1）选择器通常是需要改变样式的 HTML 元素，每条声明由一个属性和一个属性值组成。

（2）属性是希望设置的样式属性（Style Attribute）。

（3）每个属性有一个属性值，属性和属性值被冒号分开。

**3. CSS 的 4 种引用方式**

在 HTML 样式中有 4 种 CSS 引用方式：行间样式、内部样式、外部样式、导入外部样式。

（1）行间样式：应用内嵌样式到各个网页元素。

```
<p style = "color: red; margin-left: 20px">这是 p 标签</p>
```

（2）内部样式：在网页上创建嵌入的样式表。

```
<style type = "text/css">
  body {background-color: red}
</style>
```

（3）外部样式：将网页链接到外部样式表。

```
<link rel = "stylesheet" type = "text/css" href = "mystyle.css">
```

（4）导入外部样式：CSS 通过@import 引入其他的 CSS 文件。

```
@import url("a.css");
@import url("b.css");
```

HTML 链接一个 CSS 可以使用多个 CSS 中的样式。

```
<link rel = "stylesheet" type = "text/css" href = "mystyle.css">
```

**4. CSS 选择器**

（1）通配符选择器“*”匹配 HTML 中所有元素。

```
* {color: red; }
```

（2）标签选择器为 HTML 元素指定特定的样式。

```
p { color: red; }
```

（3）类选择器可以为标有特定类的 HTML 元素指定特定的样式，类选择器以“.”来定义。

```
.red { color: red; }
```

（4）id 选择器通过“#”来定义，可以为标有特定 id 的 HTML 元素指定特定的样式。

```
#red { color: red; }
```

（5）派生选择器允许用户根据文档的上下文关系来确定某个标签的样式。

```
/* 指定 p 标签下的所有 span 标签颜色为红色 */
p span { color: red; }
/* 指定 p 标签下的子元素 span 标签颜色为红色 */
p > span { color: red; }
```

（6）选择器分组对选择器进行分组后，被分组的选择器就可以分享相同的声明。用逗号将需要分组的选择器分开。

```
h1, h2, h3, h4, h5, h6 { font-size: 12px; }
```

（7）继承是一种机制，它允许样式不仅可以应用于某个特定的元素，还可以用于它的后代。选择器继承：CSS 继承是指被包在内部的标签拥有外部标签的样式性质。CSS 的一个主要特征就是继承，它依赖于祖先-后代关系。

（8）优先级

① 多重样式。外部样式、内部样式和内联样式同时应用于同一个元素，一般情况下，多重样式的优先级如下：（外部样式）<（内部样式）<（内联样式）。

② 优先权值。通常把特殊性分为 4 个等级，如图 10-6 所示。其中，每个等级代表一类选择器，每个等级的值为其所代表的选择器的个数乘以这一等级的权值，最后把所有等级的值相加得出选择器的特殊值。

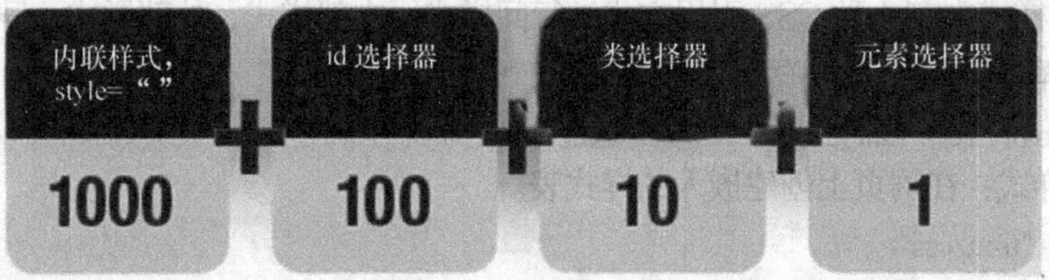


图 10-6　优先权值等级

- 内联样式的权值最高为 1000。
- id 选择器的权值为 100。
- 类选择器的权值为 10。
- 元素选择器的权值为 1。

③ CSS 优先级法则如下。

- 选择器都有一个权值，权值越大，优先级越高。
- 当权值相等时，后出现的样式表设置的优先级高于先出现的样式表设置。
- 创作者的规则高于浏览者，即网页编写者设置的 CSS 样式的优先级高于浏览器所设置的样式。
- 继承的 CSS 样式的优先级低于后来指定的 CSS 样式的优先级。
- 在同一组属性设置中，标有“!important”规则的优先级最高。

### 10.1.4　运用 CSS/CSS3 基本属性对页面进行美化

#### 1. CSS 字体

（1）font-size：设置文本大小。

① 属性值

- {number+px}：固定值尺寸像素。
- {number+%}：其百分比取值基于父对象中字体的尺寸（大小）。

② 示例

```
p { font-size: 20px; }
p { font-size: 100%; }
```

（2）font-family：设置文本字体。

① 属性值

name：字体名称，按优先顺序排列，以逗号隔开。如果字体名称包含空格，则应使用引号括起。

② 示例

```
p { font-family: Courier, "Courier New", monospace; }
```

（3）font-style：设置文本字体的样式。

① 属性值

- normal：默认值，正常的字体。
- italic：斜体，对于没有斜体变量的特殊字体,将应用 oblique。
- oblique：倾斜的字体。

② 示例

```
p { font-style: normal; }
p { font-style: italic; }
p { font-style: oblique; }
```

（4）font-weight：设置文本字体的粗细。

① 属性值

- normal：默认值，正常的字体。
- bold：粗体。
- bolder：比 bold 字体粗。
- lighter：比 normal 字体细。
- {100～900}：定义由粗到细的字体。400 等同于 normal，700 等同于 bold。

② 示例

```
p { font-weight: normal; }
p { font-weight: bold; }
p { font-weight: 600; }
```

（5）color：设置文本字体的颜色。

① 属性值

- name：颜色名称指定 color。
- rgb：指定颜色为 RGB 值。
- {颜色十六进制}：指定颜色为十六进制。

② 示例

```
p { color: red; }
p { color: rgb(100,14,200); }
p { color: #345678; }
```

（6）line-height：设置文本字体的行高。即字体最底端与字体内部顶端之间的距离。

① 属性值

- normal：默认值，默认行高。
- {number+px}：指定行高为长度像素。
- {number}：指定行高为字体大小的倍数。

② 示例

```
p { line-height: normal; }
p { line-height: 24px; }
p { line-height: 1.5; }
```

（7）text-decoration：设置文本字体的修饰。

① 属性值

- normal：默认值，无修饰。
- underline：下画线。
- line-through：贯穿线。
- overline：上画线。

② 示例

```
p { text-decoration: underline; }
p { text-decoration: line-through; }
p { text-decoration: overline; }
```

（8）text-align：设置文本字体的对齐方式。

① 属性值

- left：默认值，左对齐。
- center：居中对齐。
- right：右对齐。

② 示例

```
p { text-align: left; }
p { text-align: center; }
p { text-align: right; }
```

（9）text-transform：设置文本的大小写。

① 属性值

- none：默认值（无转换发生）。
- capitalize：将每个单词的第一个字母转换成大写。
- uppercase：转换成大写。
- lowercase：转换成小写。

② 示例

```
p { text-transform: capitalize; }
p { text-transform: uppercase; }
p { text-transform: lowercase; }
```

（10）text-indent：设置文本字体的首行缩进。

① 属性值

- {number+px}：首行缩进 number 像素。
- {number+em}：首行缩进 number 字符。

② 示例

```
p { text-indent: 24px; }
p { text-indent: 2em; }
```

## 2. CSS 背景

（1）background-color：设置对象的背景颜色。

① 属性值

- transparent：默认值（背景色透明）。
- {color}：指定颜色。

② 示例

```
div { background-color: #666666; }
div { background-color: red; }
```

（2）background-image：设置对象的背景图像。

① 属性值

- none：默认值（无背景图像）。
- url({url})：使用绝对或相对 URL 地址指定背景图像。

② 示例

```
div { background-image: none; }
div { background-image: url('../images/pic.png') }
```

（3）background-repeat：设置对象的背景图像铺排方式。

① 属性值

- repeat：默认值（背景图像在纵向和横向平铺）。
- no-repeat：背景图像不平铺。
- repeat-x：背景图像仅在横向平铺。
- repeat-y：背景图像仅在纵向平铺。

② 示例

```
div {background-image: url('../images/pic.png'); background-repeat: repeat-y;}
```

（4）background-position：设置对象的背景图像位置。

① 属性值

{x-number | top | center | bottom }{y-number | left | center | right }：设置背景图像在元素中的位置（x 轴、y 轴），其铺排方式为 no-repeat。

② 示例

```
div {
  background-image: url('../images/pic.png');
  background-repeat: no-repeat;
  background-position: 50px 50px;
}
```

（5）background-attachment：设置对象的背景图像滚动位置。

① 属性值

- scroll：默认值，背景图像会随着页面其余部分的滚动而移动。
- fixed：当页面的其余部分滚动时，背景图像不会移动。

② 示例

```
body {
  background-image: url('../images/pic.png');
```

```
    background-repeat: no-repeat;
    background-attachment: fixed;
}
```

（6）background 简写属性：在一个声明中设置所有的背景属性。

① 语法

```
background: color image repeat attachment position
```

② 示例

```
body { background: #fff url('../images/pic.png') no-repeat fixed center center }
```

### 10.1.5　使用盒子模型进行界面适应性布局与定位

CSS 盒子模型规定了元素框处理元素内容（content）、内边距（padding）、边框（border）和外边距（margin）的方式，如图 10-7 所示。

#### 1. 外边距

外边距是围绕在元素边框的空白区域，设置外边距会在元素外创建额外的“空白”。设置外边距的最简单的方法就是使用 margin 属性，这个属性接受任何长度单位、百分数值甚至负值，如图 10-8 所示。

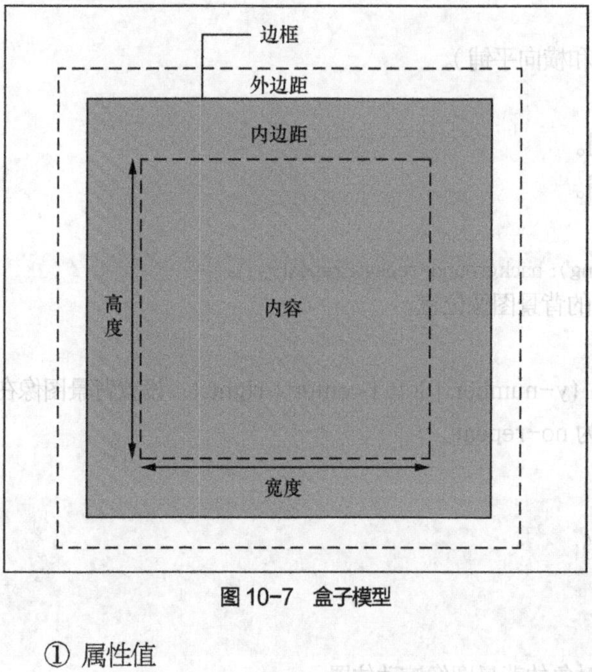


图 10-7　盒子模型

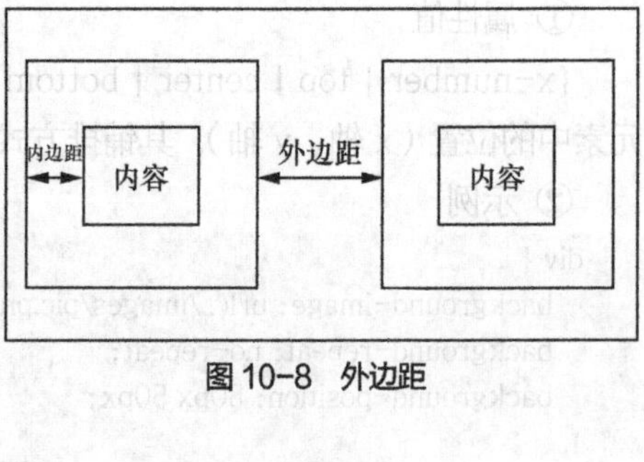


图 10-8　外边距

① 属性值

- margin-top：设置上方外边距。
- margin-left：设置左方外边距。
- margin-right：设置右方外边距。
- margin-bottom：设置下方外边距。

② 外边距简写如下

- {a}：当只有一个值时，上、下、左、右外边距都为 a 值。

● {a b}：当有两个值时，上、下外边距为 a 值，左、右外边距为 b 值。

● {a b c}：当有 3 个值时，上外边距为 a 值，左、右外边距为 b 值，下外边距为 c 值。

● {a b c d}：当有 4 个值时，上外边距为 a 值，右外边距为 b 值，下外边距为 c 值，左外边距为 d 值（口诀：顺时针，上右下左）。

③ 示例

```
.wrapper { margin-top: 10px; margin-bottom: 20px; margin-left: 30px; margin-right: 40px; }
/* 等同于 */
.wrapper { margin: 10px 40px 20px 30px; }
```

### 2. 内边距

内边距在边框和内容区之间。设置内边距的最简单的方法就是使用 padding 属性，这个属性接受任何长度单位及百分数值，如图 10-9 所示。

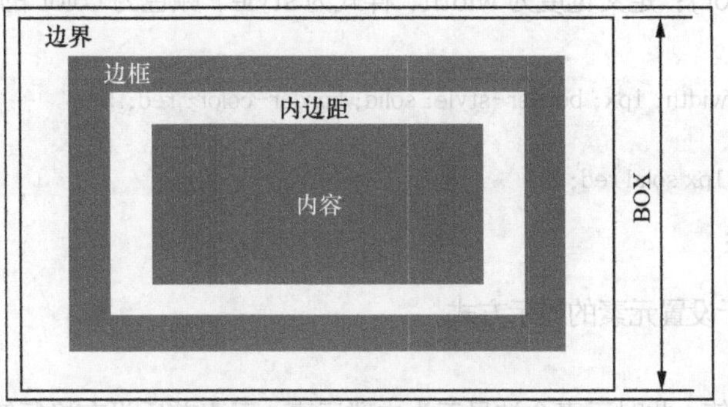


图 10-9 设置内边距/边框

① 属性值

● padding-top：设置上方内边距。

● padding-left：设置左方内边距。

● padding-right：设置右方内边距。

● padding-bottom：设置下方内边距。

② 内边距简写如下

● {a}：当只有一个值时，即上、下、左、右内边距都为 a 值。

● {a b}：当有两个值时，即上、下内边距为 a 值，左、右内边距为 b 值。

● {a b c}：当有 3 个值时，即上内边距为 a 值，左、右内边距为 b 值，下内边距为 c 值。

● {a b c d}：当有 4 个值时，即上内边距为 a 值，右内边距为 b 值，下内边距为 c 值，左内边距为 d 值（口诀：顺时针，上右下左）。

③ 示例

```
.wrapper { padding-top: 10px; padding-bottom: 20px; padding-left: 30px; padding-right: 40px; }
/* 等同于 */
.wrapper { padding: 10px 40px 20px 30px; }
```

### 3. 边框

边框是围绕元素内容和内边距的一条或多条线，设置边框的最简单的方法就是使用 border 属性，该属性允许规定元素边框的样式、宽度和颜色（如图 10-9 所示）。

① 属性值

- border-width：设置边框的宽度。
- border-style：设置边框的样式。

  none：默认值，无边框。

  solid：定义实线边框。

  double：定义双实线边框。

  dotted：定义点状线边框。

  dashed：定义虚线边框。
- border-color：设置边框的颜色。

② border 边框的简写如下

{width style color}：定义宽度为 width、样式为 style、颜色为 color 的边框。

③ 示例

```
.wrapper { border-width: 1px; border-style: solid; border-color: red; }
/* 等同于 */
.wrapper { border: 1px solid red; }
```

#### 4. display 属性

display 属性用于设置元素的显示方式。

① 属性值

- inline：默认值。此时元素会被显示为内联元素，元素前后没有换行符，内联元素所占空间就是其标签所定义的大小（不能设置 width 和 height）。
- inline-block：设置元素为行内块状元素，所有的块状元素开始于新的一行，延展到其容器的宽度（能设置 width 和 height）。
- none：设置元素不显示、不占空间，元素与其子元素被从普通文档流中移除。这时文档的渲染就像元素从来没有存在过一样，即它所占据的空间被折叠了。
- block：设置元素为块状元素（可以设置 width 和 height）。
- table：设置元素为块状表格元素。
- inline-table：设置元素为内联表格元素。

② 示例

```
.hide { display: none; }
.show { display: block; }
```

### 10.1.6 项目实训——登录界面网页实现

#### 1. 实验需求

使用 HTML 标签和 CSS 样式设计登录界面。

#### 2. 实验步骤

（1）设计网页外框大小；

（2）设计网站 logo；
（3）设计成绩查询文字；
（4）设置仅限 2021 年查询；
（5）设计 form 表单，包括准考证号、姓名和验证码；
（6）设计查询、重置和返回。

### 3. 代码实现

```
<!DOCTYPE html>
<html lang = "en">
<head>
    <meta charset = "UTF-8">
    <title>1+X 成绩查询</title>
    <style>
    /*<!-- 最外围边框            -->*/
        .contents{
            width: 600px;
            height: 400px;
            margin: 100px auto;
            border: 2px solid rgb(217,217,217);
            padding: 2px;
        }
        /*设计 logo*/
        .contents-top{
            border-bottom: 2px solid rgb(130,174,202) ;
        }
        .contents-top img{
            margin: 20px 0 10px 20px;
            width: 30%;
        }
        .contents-txt{
            text-align: center;
            padding-top: 40px;
        }
        .contents-txt h4{
            color: rgb(131,145,171);
            font-weight: normal;
            text-shadow: 2px 2px 2px rgb(158,222,232);
        }
        .contents-txt p{
            font-weight: normal;
            margin-top: -10px;
            font-size: 12px;
        }
        .forms{
            margin-top: 20px;
        }
        .forms label{
```

```
            font-size: 14px;
        }
        .form-div{
            display: inline-block;
            vertical-align: -22px;
            text-align: left;
        }
        .form-div input{
            border: 1px solid rgb(193,193,193);
            border-radius: 4px;
            height: 20px;
            width: 230px;
        }
        .form-div p{
            margin-top: 2px;
            font-size: 12px;
            color: rgb(193,193,193) ;
        }
        .codes{
            margin-right: 150px;
            vertical-align: 0px;
        }
        .codes input{
            width: 70px;
        }
        .form-sub{
            margin-top: 26px;
        }
        .form-sub input{
            color: white;
            font-size: 12px;
            background: rgb(46,131,202);
            border: 0;
            border-radius: 2px;
            width: 60px;
        }
    </style>
</head>
<body>
<!-- 具体网页内容编写-->
    <div class = "contents">
        <div class = "contents-top">
            <img src = "./logo.jpg" alt = "zh_logo">
        </div>
        <div class = "contents-txt">
            <h4>1+X Python 程序开发职业技能等级证书考试成绩查询</h4>
            <p>仅限查询 2021 年考试成绩</p>
            <form action = "" class = "forms">
                <label for = "card_id">准考证号：</label>
```

```
            <div class = "form-div">
                <input type = "text" id = "card_id">
                <p>请输入 15 位笔试或口试准考证号</p>
            </div>
            <br>
            <label for = "card_id">     姓 名：</label>
            <div class = "form-div">
                <input type = "text" id = "username">
                <p>姓名操作 3 个字，可只输入 3 个</p>
            </div>
            <br>
            <label for = "code_id">验证码：</label>
            <div class = "form-div codes">
                <input type = "text" id = "code_id">
            </div>
            <div class = "form-sub">
                <input type = "submit" value = "查询">
                <input type = "reset" value = "重置">
                <input type = "button" value = "返回">
            </div>
        </form>
    </div>
</div>
</body>
</html>
```

运行结果如图 10-10 所示。

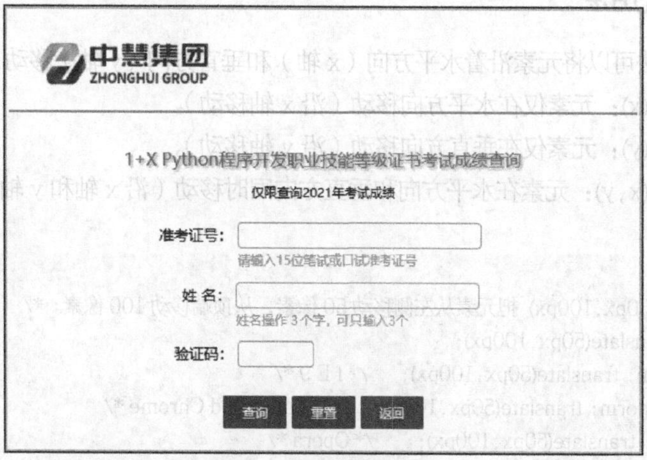


图 10-10 成绩查询运行结果

## 10.2 动画和图表操作

### 10.2.1 CSS3 2D 转换（transform）操作

在 2D 转换模块中，有一系列不同的变化可以应用到元素上，但所有这些转换都被声明为

transform 属性中的函数，基本语法如下。

```
{ transform: function(value); }
```

常用的 2D 转换方法如表 10-1 所示。

表 10-1 常用的 2D 转换方法

| 函数 | 描述 |
|---|---|
| rotate(angle) | 定义 2D 旋转，在参数中规定角度 |
| translate(x,y) | 定义 2D 转换，沿着 x 轴和 y 轴移动元素 |
| scale(x,y) | 定义 2D 缩放转换，改变元素的宽度和高度 |
| skew(x-angle,y-angle) | 定义 2D 倾斜转换，沿着 x 轴和 y 轴 |

### 1. rotate()方法

rotate()方法可使元素顺时针旋转给定的角度。当角度为负值时，元素将逆时针旋转，实例如下。

```
div{
/*值 rotate(30deg) 将元素顺时针旋转 30 度。*/
transform: rotate(30deg);
-ms-transform: rotate(30deg);     /* I E 9 */
-webkit-transform: rotate(30deg);     /* Safari and Chrome */
-o-transform: rotate(30deg);      /* Opera */
-moz-transform: rotate(30deg);    /* Firefox */
}
```

### 2. translate()方法

translate()方法可以将元素沿着水平方向（x 轴）和垂直方向（y 轴）移动，有如下 3 种情况。

（1）translate(x)：元素仅在水平方向移动（沿 x 轴移动）。

（2）translate(y)：元素仅在垂直方向移动（沿 y 轴移动）。

（3）translate(x, y)：元素在水平方向和垂直方向同时移动（沿 x 轴和 y 轴同时移动）。

实例如下。

```
div{
  /*值 translate(50px, 100px) 把元素从左侧移动 50 像素，从顶端移动 100 像素。*/
  transform: translate(50px, 100px);
  -ms-transform: translate(50px, 100px);     /* I E 9 */
  -webkit-transform: translate(50px, 100px);     /* Safari and Chrome */
  -o-transform: translate(50px, 100px);      /* Opera */
  -moz-transform: translate(50px, 100px);    /* Firefox */
}
```

### 3. scale()方法

通过 scale()方法，根据给定的宽度（x 轴）和高度（y 轴）参数，元素的尺寸会增大或减小。有如下 3 种情况。

（1）scale(x)：改变元素的宽度。

（2）scale(y)：改变元素的高度。

（3）scale(x,y)：改变元素的宽度和高度。

实例如下。

```
div{
  /*值 scale(2,4) 把宽度转换为原始尺寸的 2 倍，把高度转换为原始高度的 4 倍。*/
  transform: scale(2,4);
  -ms-transform: scale(2,4);   /* I E 9 */
  -webkit-transform: scale(2,4);   /* Safari 和 Chrome */
  -o-transform: scale(2,4);    /* Opera */
  -moz-transform: scale(2,4); /* Firefox */
}
```

#### 4. skew()方法

通过 skew()方法，根据给定的水平线（x 轴）和垂直线（y 轴）参数，元素可翻转给定的角度。有如下 3 种情况。

（1）skew(x-angle)：沿着 x 轴倾斜转换。

（2）skew(y-angle)：沿着 y 轴倾斜转换。

（3）skew(x-angle,y-angle)：沿着 x 轴和 y 轴倾斜转换。

实例如下。

```
div #div2{
  /*值 skew(30deg,20deg) 围绕 x 轴把元素翻转 30 度，围绕 y 轴翻转 20 度。*/
      transform: skew(30deg,20deg);
  -ms-transform: skew(30deg,20deg); /* IE 9 */
  -moz-transform: skew(30deg,20deg); /* Firefox */
  -webkit-transform: skew(30deg,20deg); /* Safari and Chrome */
  -o-transform: skew(30deg,20deg); /* Opera */
}
```

### 10.2.2 运用 CSS3 过渡（transition）动画提升网页用户体验

通过 CSS3 过渡动画，用户可以在不使用 Flash 动画或 JavaScript 的情况下，在元素从一种样式变换为另一种样式时为元素添加效果。

在 CSS 中，过渡就是使一个属性在两种状态之间移动。

#### 1. transition 属性

利用 transition 属性，可以平滑地改变 CSS 的属性值，即设置动画转换的过程，如渐现、渐弱、动画快慢等。

过渡属性有 transition-property、transition-duration、transition-timing-function、transition-delay、transition。

#### 2. transition-property 属性

transition-property 属性规定了应用过渡效果的 CSS 属性的名称。注意：请始终设置 transition-duration 属性，否则时长为 0 就不会产生过渡效果。

（1）语法如下。

```
transition-property: none|all|property;
```

（2）属性值如下。

① none：没有属性会获得过渡效果。

② all：所有属性都将获得过渡效果。

③ property：定义应用过渡效果的CSS属性名称列表，列表以逗号分隔。

### 3. transition-duration 属性

transition-duration 属性规定完成过渡效果需要花费的时间。

（1）语法如下。

```
transition-duration: time;
```

（2）属性值如下。

time：规定完成过渡效果需要花费的时间（以秒或毫秒计）。默认值是 0，此时意味着不会有效果。

（3）实例如下。

```
div{
    width: 100px;
    height: 100px;
    background: blue;
    transition-property: width;
    transition-duration: 2s;
}
div: hover{
    width: 300px;
}
```

### 4. transition-timing-function 属性

transition-timing-function 属性规定了过渡效果的速度曲线，该属性允许过渡效果随着时间的推移来改变其速度。

（1）语法如下。

```
transition-timing-function: linear|ease|ease-in|ease-out|ease-in-out|cubic-bezier(n,n,n,n);
```

（2）属性值如下。

① linear：规定以相同速度开始至结束的过渡效果（等于 cubic-bezier(0,0,1,1)）。

② ease：规定慢速开始，然后变快，再慢速结束的过渡效果（cubic-bezier(0.25,0.1,0.25,1)）。

③ ease-in：规定以慢速开始的过渡效果（类似于 cubic-bezier(0.42,0,1,1)）。

④ ease-out：规定以慢速结束的过渡效果（类似于 cubic-bezier(0,0,0.58,1)）。

⑤ ease-in-out：规定以慢速开始和结束的过渡效果（类似于 cubic-bezier(0.42,0,0.58,1)）。

⑥ cubic-bezier(n,n,n,n)：在 cubic-bezier 函数中定义自己的值。可能的值是 0 和 1 之间的数值。

（3）实例如下。

```
div{
    width: 100px;
    height: 100px;
    background: blue;
    transition-property: width;
    transition-duration: 2s;
    transition-timing-function: linear;
}
div: hover{
    width: 300px;
}
```

### 5. transition-delay 属性

transition-delay 属性规定过渡效果何时开始，值以秒或毫秒计。

（1）语法如下。

```
transition-delay: time;
```

（2）实例如下。

```
div{
    width: 100px;
    height: 100px;
    background: blue;
    transition-property: width;
    transition-duration: 2s;
    transition-delay: 2s;
}
div: hover{
    width: 300px;
}
```

### 6. transition 属性

transition 属性是一个简写属性，用于设置 4 个过渡属性：transition-property、transition-duration、transition-timing-function、transition-delay。注意：请始终设置 transition-duration 属性，否则时长为 0 就不会产生过渡效果了。

（1）语法如下。

```
transition: property duration timing-function delay;
```

（2）属性值及描述如表 10-2 所示。

表 10-2　transition 属性值及描述

| 值 | 描述 |
|---|---|
| transition-property | 规定设置过渡效果的 CSS 属性的名称 |
| transition-duration | 规定完成过渡效果需要多少秒或毫秒 |
| transition-timing-function | 规定过渡效果的速度曲线 |
| transition-delay | 定义过渡效果何时开始 |

（3）实例如下。

```
div{
    width: 100px;
    transition: width 2s;
    -moz-transition: width 2s; /* Firefox 4 */
    -webkit-transition: width 2s; /* Safari 和 Chrome */
    -o-transition: width 2s; /* Opera */
}
div: hover{
    width: 300px;
}
```

### 7. 代码分析

本项目的重点是 CSS 选择器、CSS 属性和 HTML 标签的应用，难点是属性和标签比较多，需要大量的记忆。

## 10.2.3 CSS3 帧动画（animation）

CSS3 过渡动画也存在一些局限，即它们只能够在属性值发生改变的时候才能应用。CSS3 动画模块超越了过渡模块带来的可能性，它能够使用一种更加灵活的语法，让动画直接应用到元素上，并能够进行更加精细的控制。CSS3 动画可以在许多网页中取代动画图片、Flash 动画以及 JavaScript。

CSS3 动画属性及描述如表 10-3 所示。

表 10-3　CSS3 动画属性及描述

| 属性 | 描述 |
| --- | --- |
| @keyframes | 规定动画 |
| animation | 所有动画属性的简写属性，除了 animation-play-state 属性 |
| animation-name | 规定 @keyframes 动画的名称 |
| animation-duration | 规定动画完成一个周期所花费的时间，以秒或毫秒计，默认是 0 |
| animation-timing-function | 规定动画的速度曲线，默认是“ease” |
| animation-delay | 规定动画何时开始，默认是 0 |
| animation-iteration-count | 规定动画被播放的次数，默认是 1 |
| animation-direction | 规定动画是否在下一周期逆向播放，默认是“normal” |
| animation-play-state | 规定动画是否正在运行或暂停，默认是“running” |
| animation-fill-mode | 规定对象动画时间之外的状态 |

### 1. @keyframes 属性

创建动画的第一个步骤是定义关键帧，关键帧定义了一个过渡的开始点和结束点。最简单的动画有两个关键帧——一个在开头，另一个在结尾——而更为复杂的动画在开头和结尾之间有多个关键帧。CSS 在@keyframes 规则中声明关键帧。在@keyframes 中规定某项 CSS 样式，就能创建由当前样式逐渐改为新样式的动画效果。

（1）语法如下。

```
@keyframes animationname {keyframes-selector {css-styles;}}
```

（2）属性值及描述如表 10-4 所示。

表 10-4 @keyframes 属性值及描述

| 值 | 描述 |
|---|---|
| animationname | 必需。定义动画的名称 |
| keyframes-selector | 必需。动画时长的百分比。合法的值：0 ~ 100%from（与 0% 相同）to（与 100% 相同） |
| css-styles | 必需。一个或多个合法的 CSS 样式属性 |

（3）实例如下。

```
@keyframes mymove{
0%    {top: 0px; left: 0px; background: red;}
50%   {top: 100px; left: 100px; background: yellow;}
100% {top: 0px; left: 0px; background: red;}
}
@-moz-keyframes mymove /* Firefox */
{
0%    {top: 0px; left: 0px; background: red;}
50%   {top: 100px; left: 100px; background: yellow;}
100% {top: 0px; left: 0px; background: red;}
}

@-webkit-keyframes mymove /* Safari and Chrome */
{
0%    {top: 0px; left: 0px; background: red;}
50%   {top: 100px; left: 100px; background: yellow;}
100% {top: 0px; left: 0px; background: red;}
}

@-o-keyframes mymove /* Opera */
{
0%    {top: 0px; left: 0px; background: red;}
50%   {top: 100px; left: 100px; background: yellow;}
100% {top: 0px; left: 0px; background: red;}
}
```

### 2. animation 属性

animation 属性用于绑定@keyframes 规则创建的动画，并设置动画播放过程。

animation 属性是一个简写属性，用于设置 6 个动画属性：animation-name、animation-duration、animation-timing-function、animation-delay、animation-iteration-count、animation-direction。

（1）语法如下。

```
animation: name duration timing-function delay iteration-count direction;
```

（2）属性值及描述如表 10-5 所示。

表 10-5　animation 属性值及描述

| 值 | 描述 |
|---|---|
| animation-name | 规定需要绑定到选择器的 keyframe 名称 |
| animation-duration | 规定完成动画所花费的时间，以秒或毫秒计 |
| animation-timing-function | 规定动画的速度曲线 |
| animation-delay | 规定在动画开始之前的延迟 |
| animation-iteration-count | 规定动画应该播放的次数 |
| animation-direction | 规定是否应该轮流反向播放动画 |

（3）实例如下。

```
div{
    width: 100px;
    height: 100px;
    background: red;
    position: relative;
    animation: mymove 5s infinite;
    -webkit-animation: mymove 5s infinite; /*Safari and Chrome*/
}
```

### 3. animation-play-state 属性

animation-play-state 属性规定动画运行还是暂停。注意：可以在 JavaScript 中使用该属性，这样就能在播放动画的过程中暂停动画。

（1）语法如下。

```
animation-play-state: paused|running;
```

（2）属性值及描述如表 10-6 所示。

表 10-6　animation-play-state 属性值及描述

| 值 | 描述 |
|---|---|
| paused | 规定动画已暂停 |
| running | 规定动画正在播放 |

（3）实例如下。

```
div
{
    animation-play-state: paused;
    -webkit-animation-play-state: paused; /* Safari 和 Chrome */
}
```

### 4. animation-fill-mode 属性

animation-fill-mode 属性规定了动画在播放之前或之后的效果是否可见。注意：其属性值是由逗号分隔的一个或多个填充模式关键词。

（1）语法

```
animation-fill-mode : none | forwards | backwards | both;
```

（2）属性值及描述

animation-fill-mode 属性值及描述如表 10-7 所示。

表 10-7 animation-fill-mode 属性值及描述

| 值 | 描述 |
| --- | --- |
| none | 不改变默认行为 |
| forwards | 动画完成后，保持最后一个属性值（在最后一个关键帧中定义） |
| backwards | 在 animation-delay 指定的一段时间内，在动画显示之前，应用开始属性值（在第一个关键帧中定义） |
| both | 向前和向后填充模式都被应用 |

（3）实例

```
div{
    animation: mymove 3s;
    animation-fill-mode: forwards;
}
```

### 10.2.4 运用 ECharts 进行数据可视化操作

ECharts 是一个使用 JavaScript 实现的开源可视化库，可以流畅地运行在个人计算机和移动设备上，兼容当前绝大部分浏览器（IE 8/9/10/11、Chrome、Firefox、Safari 等），底层依赖矢量图形库 ZRender，提供直观、交互丰富、可高度个性化定制的数据可视化图表。

ECharts 提供了常规的折线图、柱状图、散点图、饼图、K 线图，用于统计的盒形图，用于地理数据可视化的地图、热力图、线图，用于关系数据可视化的关系图、TreeMap、旭日图，多维数据可视化的平行坐标，还有用于 Power BI 的漏斗图，仪表盘，并且支持图与图之间的混搭。

#### 1. ECharts 属性

（1）title：写标题，属性如下。

show：值为 False/True，决定是否显示标题。

text：标题内容；textstyle 修饰标题样式。

subtext：副标题，也可以称为内容；subtextstyle 修饰副标题样式。

（2）legend：图例组件展现了不同系列的标记(symbol)、颜色和名字。

show：值为 False/True，决定是否显示图例。

data：图例的数据数组。

（3）grid：直角坐标系内绘图网格，单个网格内最多可以放置上下两个 x 轴，左右两个 y 轴。可以在网格上绘制折线图、柱状图、散点图。

show：值为 False/True，决定是否显示网格。

top、left、right、bottom：标识上、左、右、下的边距。

（4）xAxis：直角坐标系网格中的 x 轴，单个网格组件最多只能放上、下两个 x 轴。

type：坐标轴类型。

'value'：数值轴，适用于连续数据。

'category'：类目轴，适用于离散的类目数据，时间轴为该类型时必须通过 data 设置类目数据。

'time'：时间轴，适用于连续的时序数据，与数值轴相比，它带有时间的格式化，在刻度计算上也有所不同，例如时间轴会根据跨度的范围来决定是使用月、星期、日，还是小时范围的刻度。

data：类目数据，在类目轴（type：'category'）中有效。

（5）yAxis：直角坐标系网格中的 y 轴，单个网格组件最多只能放在左、右两个 y 轴。

'type'：坐标轴类型。

'value'：数值轴，适用于连续数据。

'category'：类目轴，适用于离散的类目数据，时间轴为该类型时必须通过 data 设置类目数据。

'time'：时间轴，适用于连续的时序数据，与数值轴相比，它带有时间的格式化，在刻度计算上也有所不同，例如时间轴会根据跨度的范围来决定是使用月、星期、日，还是小时范围的刻度。

（6）dataZoom：组件，用于对数据进行区域缩放，从而能自由关注细节的数据信息，或者概览数据整体。

backgroundColor：组件的背景颜色。

realtime：决定值域漫游是否实时显示。

top、left、right、bottom：标识上、左、右、下的边距。

（7）tooltip：提示框组件。

show：值为 False/True，决定是否显示提示框。

trigger：触发类型。

'item'：数据项图形触发，主要在散点图、饼图等无类目轴的图表中使用。

'axis'：坐标轴触发，主要在柱状图、折线图等使用类目轴的图表中使用。

（8）color：调色盘颜色列表。如果系列没有设置颜色，则会依次循环从该列表中取颜色作为系列颜色。

默认为：['#c23531','#2f4554','#61a0a8','#d48265','#91c7ae','#749f83','#ca8622','#bda29a','#6e7074','#546570','#c4ccd3']。

（9）seriers：系列列表。每个系列通过 type 决定自己的图表类型，如下。

series[i]-line：折线。

itemStyle：折线拐点标识的样式。

series[i]-bar：柱状图，通过柱形的高度来表现数据的大小，用于至少有一个类目轴的直角坐标系。

series[i]-pie：饼图，主要用于表现不同类目的数据在总和中的占比，扇形弧度表示数据数量的比例。

**2. ECharts 基本使用**

（1）引入 ECharts

通过标签方式直接引入构建好的 ECharts 文件。

```
<!DOCTYPE html>
<html>
<head>
    <meta charset = "utf-8">
```

```
        <!-- 引入 ECharts 文件 -->
        <script src = "https://cdn.staticfile.org/echarts/4.3.0/echarts.min.js"></script>
    </head>
    </html>
```

（2）绘制一个简单的图表

在绘图前需要为 ECharts 准备一个具备大小（宽高）的 DOM。

```
<body>
    <!-- 为 ECharts 准备一个具备大小（宽高）的 DOM -->
    <div id = "main" style = "width: 600px;height: 400px;"></div>
</body>
```

然后通过 echarts.init()方法初始化一个 ECharts 实例，并通过 setOption 方法生成一个简单的柱状图，下面是完整代码，效果如图 10-11 所示。

```
<!DOCTYPE html>
<html>
<head>
    <meta charset = "utf-8">
    <title>ECharts</title>
    <!-- 引入 echarts.js -->
    <script src = "./js/echarts.min.js"></script>
</head>
<body>
    <!-- 为 ECharts 准备一个具备大小（宽高）的 DOM -->
    <div id = "main" style = "width: 600px;height: 400px;"></div>
    <script type = "text/javascript">
        // 基于准备好的 DOM，初始化 ECharts 实例
        var myChart = echarts.init(document.getElementById('main'));

        // 指定图表的配置项和数据
        var option = {
            title: {
                text: 'ECharts 入门示例'
            },
            tooltip: {},
            legend: {
                data: ['销量']
            },
            xAxis: {
                data: ["衬衫","羊毛衫","雪纺衫","裤子","高跟鞋","袜子"]
            },
            yAxis: {},
            series: [{
                name: '销量',
                type: 'bar',
                data: [5, 20, 36, 10, 10, 20]
            }]
        };

        // 使用已指定的配置项和数据显示图表
        myChart.setOption(option);
```

```
    </script>
  </body>
  </html>
```

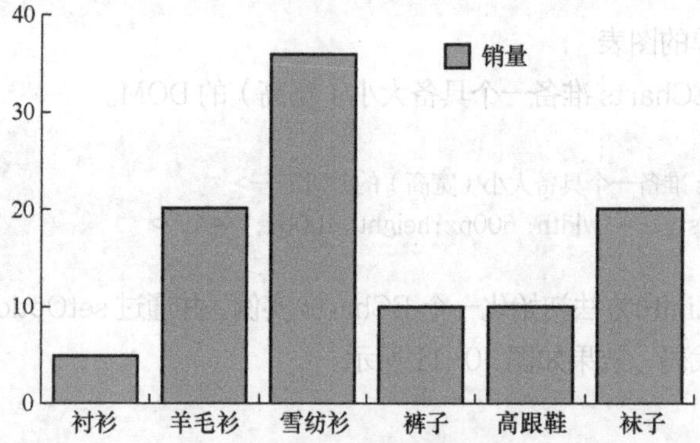


图 10-11　柱状图效果

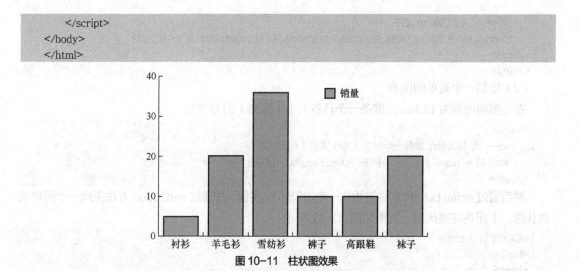

饼图主要是通过扇形的弧度表现不同类目的数据在总和中的占比，它的数据格式比柱状图更简单，只有一维的数值，不需要提供类目。因为饼图不在直角坐标系上，所以也不需要 xAxis 和 yAxis。用以下代码来替换上面的 option 部分，效果如图 10-12 所示。

```
var option = {
  series : [
    {
      name: '访问来源',
      type: 'pie',
      radius: '55%',
      data: [
        {value: 235, name: '视频广告'},
        {value: 274, name: '联盟广告'},
        {value: 310, name: '邮件营销'},
        {value: 335, name: '直接访问'},
        {value: 400, name: '搜索引擎'}
      ]
    }
  ]
};
```

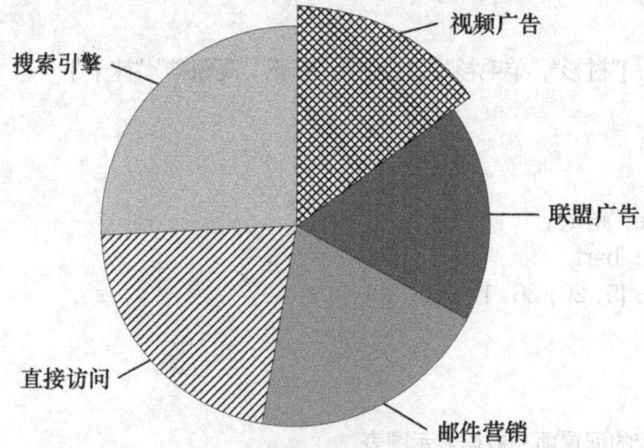


图 10-12　饼图效果

以上只是两个简单的例子，ECharts 还支持很多不同类型的图表，有兴趣的读者可以去官方网站查看每一种图表的具体参数。

## 10.3 项目实训——学生成绩可视化

### 1. 实验需求

用 ECharts 插件将 table（表格）中的数据可视化渲染到网页中。

### 2. 实验步骤

（1）建议网页表格；
（2）填充：学号、姓名、语文成绩、数学成绩、英语成绩、综合成绩等数据；
（3）加载 echarts.min.js；
（4）获取姓名数组；
（5）再分别获取语文成绩数组、数学成绩数组、英语成绩数组、综合成绩数组；
（6）创建 ECharts 构造函数；
（7）使用 ECharts 绘图。

### 3. 代码实现

```
<!doctype html>
<html lang = "en">
<head>
    <meta charset = "UTF-8">
    <meta name = "viewport"
        content = "width = device-width, user-scalable = no, initial-scale = 1.0, maximum-scale = 1.0, minimum-scale = 1.0">
    <meta http-equiv = "X-UA-Compatible" content = "ie = edge">
    <title>中慧</title>
    <style>
        .contents{
            margin: 100px 100px;
            text-align: center;
        }
        table{
            border-collapse: collapse;
            margin: 0 auto;
        }
        table th{
            width: 120px;
        }
        .echarts{
            margin-top: 40px;
        }
    </style>
```

```
</head>
<body>
    <div class = "contents">
        <div>
            <h2>学生成绩表</h2>
            <table border = "1" >
                <tr>
                    <th>学号</th>
                    <th>姓名</th>
                    <th>语文成绩</th>
                    <th>数学成绩</th>
                    <th>英语成绩</th>
                    <th>综合成绩</th>
                </tr>
                <tr class = "table-tr">
                    <td>202101011234</td>
                    <td>张三</td>
                    <td>89</td>
                    <td>98</td>
                    <td>91</td>
                    <td>278</td>
                </tr>
                <tr class = "table-tr">
                    <td>202101011634</td>
                    <td>李四</td>
                    <td>78</td>
                    <td>88</td>
                    <td>89</td>
                    <td>255</td>
                </tr>
                <tr class = "table-tr">
                    <td>202101011734</td>
                    <td>王五</td>
                    <td>67</td>
                    <td>76</td>
                    <td>79</td>
                    <td>222</td>
                </tr>
                <tr class = "table-tr">
                    <td>202101011834</td>
                    <td>赵六</td>
                    <td>69</td>
                    <td>91</td>
                    <td>92</td>
                    <td>252</td>
                </tr>
                <tr class = "table-tr">
                    <td>202101011137</td>
                    <td>翠花</td>
                    <td>89</td>
                    <td>78</td>
```

```
                    <td>91</td>
                    <td>258</td>
                </tr>
                <tr class = "table-tr">
                    <td>202101011264</td>
                    <td>小红</td>
                    <td >99</td>
                    <td>98</td>
                    <td>93</td>
                    <td>290</td>
                </tr>
            </table>
        </div>
        <div class = "echarts">
            <div id = "chinese" style = "width: 500px;height: 300px;float: left;border: 1px solid
gray"></div>
            <div id = "math" style = "width: 500px;height: 300px;float: left;border: 1px solid
gray"></div>
            <div id = "eng" style = "width: 500px;height: 300px;float: left;border: 1px solid
gray"></div>
            <div id = "com" style = "width: 500px;height: 300px;float: left;border: 1px solid
gray"></div>
        </div>
    </div>
</body>
<script src = "./js/echarts.min.js"></script>
<script>
    var my_china = echarts.init(document.getElementById("chinese"));
    var my_math = echarts.init(document.getElementById("math"));
    var my_eng = echarts.init(document.getElementById("eng"));
    var my_com = echarts.init(document.getElementById("com"));
    var name_list = [];
    var china_list = [];
    var math_list = [];
    var eng_list = [];
    var com_list = [];
    var classnames = document.getElementsByClassName("table-tr");
    for(var i = 0;i<classnames.length;i++){
        name_list.push(classnames[i].children[1].innerHTML);
        china_list.push(classnames[i].children[2].innerHTML);
        math_list.push(classnames[i].children[3].innerHTML);
        eng_list.push(classnames[i].children[4].innerHTML);
        com_list.push(classnames[i].children[5].innerHTML);
    };
    options(my_china,"语文成绩分布图",name_list,china_list,"#b629b4");
    options(my_math,"数学成绩分布图",name_list,math_list,"#59A869");
    options(my_eng,"英语成绩分布图",name_list,eng_list,"#235199");
    options(my_com,"综合成绩分布图",name_list,com_list,"#1488F4");

    function options(my_obj,title_name,name_list,y_list,color) {
```

```
                var option = {
                title: {
                    text: title_name
                },
                legend: {
                    data: ["成绩"]
                },
                xAxis: {
                    data: name_list
                },
                yAxis: {},
                series: [{
                    name: "成绩",
                    type: "bar",
                    data: y_list
                }],
                color: [color]
            };
            my_obj.setOption(option)
        }
    </script>
    </html>
```

运行结果如图 10-13 所示。

学生成绩表

| 学号 | 姓名 | 语文成绩 | 数学成绩 | 英语成绩 | 综合成绩 |
|---|---|---|---|---|---|
| 2021011234 | 张三 | 89 | 98 | 91 | 278 |
| 2021011634 | 李四 | 78 | 88 | 89 | 255 |
| 2021011734 | 王五 | 67 | 76 | 79 | 222 |
| 2021011834 | 赵六 | 69 | 91 | 92 | 252 |
| 2021011137 | 翠花 | 89 | 78 | 91 | 258 |
| 2021011264 | 小红 | 99 | 98 | 93 | 290 |

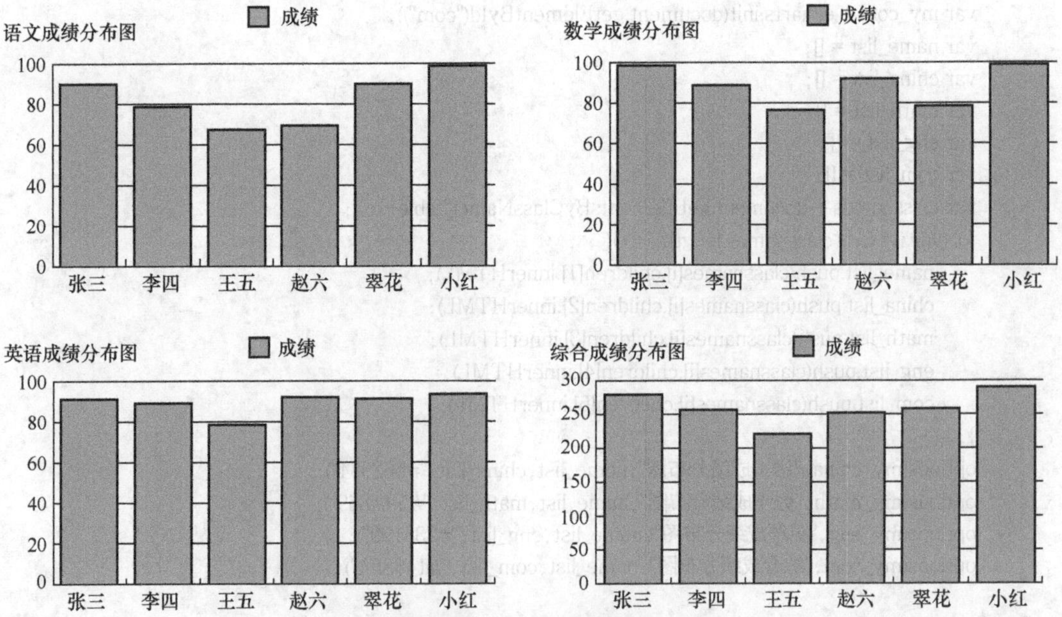


图 10-13 学生成绩可视化

### 4. 代码分析

本项目的重点是HTML表格创建和转化，以及ECharts绘图相关参数的设置。初学者可多做些尝试，直到绘制出所需的图表为止。

## 本章小结

本章介绍了HTML的常见标签和属性，以及使用CSS基本属性对HTML页面进行美化以提升用户体验。在实际项目中根据页面设计的需求来选择使用不同的标签、属性即可完成静态网页的展示。对于不同的数据类型，需要使用图表方式的，可使用ECharts来呈现，灵活运用ECharts的不同图表和参数能既直观又美观地展现数据。

## 习　题

### 一、选择题

1. 关于HTML5说法正确的是（　　）。

   A. HTML5只是对HTML4的一个简单升级

   B. 所有主流浏览器都支持HTML5

   C. HTML5新增了离线缓存机制

   D. HTML5主要针对移动端进行了优化

2. HTML5不支持的视频格式是（　　）。

   A. ogg　　B. mp4　　C. flv　　D. WebM

3. 以下关于canvas说法正确的是（　　）。

   A. HTML5标准中加入了WebSql的api　　B. HTML5支持IE 8以上的版本（包括IE 8）

   C. HTML5仍处于完善中　　D. HTML5将取代Flash在移动设备中的地位

4. 分析下面的HTML代码段，该页面在浏览器中的显示效果为（　　）。

```
<HTML><body>
    <marquee scrolldelay="200" direction="right">Welcome!</marquee>
</body></HTML>
```

   A. 从左向右滚动显示“Welcome!”　　B. 从右向左滚动显示“Welcome!”

   C. 从上向下滚动显示“Welcome!”　　D. 从下向上滚动显示“Welcome!”

### 二、填空题

1. HTML的全称是________________。

2. 每个HTML文件的开头都有Doctype，它的作用是________________。

3. 换行标记是________，横线标记是________。

4. 网页制作会用到的图片格式有（填3种）________、________和________。

5. 表格的标题用__________表示，标题列用__________表示。

6. 有序列表用__________表示，无序列表用__________表示，列表中的项目用__________表示。

7. 表单 method 的属性值有__________和__________。

## 三、简答题

1. div+css 的布局与 table 布局相比有哪些优点？
2. 用哪些方式可以对一个 HTML 标签设置 CSS 样式？
3. 阅读下面的代码，<p>标签内的文字是什么颜色的？

```
<style>
    classA{ color:blue;} classB{ color:red;}
</style>
<body>
    <p class='classB classA'> 123 </p>
</body>
```

## 四、编程题

创建一个 div，宽度 800 像素，高度 500 像素，添加一个喜欢的背景图片，且背景图片只显示一张。在 div 内添加文本“hello”，文本颜色为红色，大小为 50 像素。文本显示在盒子正中间。

# 第三篇

# 网络爬虫分析

# 第11章 页面结构分析

**本章导学**

网络爬虫又被称为网页蜘蛛、网络机器人，是一种按照一定的规则，自动抓取万维网信息的程序或者脚本。爬取网页就是根据 URL 来获取网页信息，虽然用户在浏览器中看到的是一幅优美的画面，但是实质上它是一段 HTML 代码，加载了 JavaScript、CSS、图片等资源，由浏览器解释后才呈现出来。如果把网页比作一个人，那么 HTML 是其骨架，JavaScript 是其肌肉，CSS 是其衣服。最重要的部分存在于 HTML 中，因此，首先要做的就是对页面进行分析，从整个 HTML 中提取所需要的信息。

**学习目标**

（1）掌握 XPath 对页面结构的分析方法。

（2）掌握 Beautiful Soup 4 对页面结构的分析方法。

（3）掌握使用正则表达式的方法，学会通过正则表达式抽取页面信息。

（4）掌握使用浏览器的开发者工具进行页面调试的方法。

## 11.1 爬虫的实现

### 11.1.1 制订爬虫方案

爬虫其实就是模拟人的行为在浏览器上访问某些网站，然后获取所需要的信息。当用户在浏览器地址栏输入 URL（统一资源定位符）地址并按<Enter>键后，计算机是通过什么协议找到资源，又是如何将请求到的资源回传给浏览器的呢？这一切都有一个非常重要的应用层协议：HTTP（Hyper Text Transfer Protocol，超文本传输协议）。

#### 1. HTTP 简介

HTTP 是一种用于分布式、协作式和超媒体信息系统的应用层协议。最初设计 HTTP 的目的是提供一种发布和接收 HTML 页面的方法。HTTP 的标准制定由 W3C（World Wide Web Consortium，万维网联盟）和 IETF（Internet Engineering Task Force，国际互联网工程任务组）进行协调，最终发布了一系列的 RFC，其中最著名的是 1999 年 6 月公布的 RFC 2616，其定义了 HTTP 中现今广泛使用的一个版本——HTTP 1.1。

2014 年 12 月，IETF 的 Hypertext Transfer Protocol Bis（httpbis）工作小组将 HTTP/2 标准提议递交至 IESG（Internet Engineering Steering Group，互联网工程指导小组）进行讨论，于 2015 年 2 月 17 日被批准。HTTP/2 标准于 2015 年 5 月以 RFC 7540 正式发表，取代 HTTP 1.1，成为 HTTP 的实现标准。

**2. HTTP 请求**

HTTP 发出的请求信息（Message Request）包括以下几个。

（1）请求行（如 GET、/images/logo.gif、HTTP/1.1，表示从/images 目录下请求 logo.gif 文件）。

（2）请求头 Header（如 Accept-Language：en）。

（3）空行。

（4）其他消息体。

下面是一个 HTTP 客户端访问百度官网的例子。

客户端请求如下。

```
GET / HTTP/1.1
Host: "httpAddr-004"
```

服务器应答如下。

```
HTTP/1.1 200 OK
Accept-Ranges: bytes
Cache-Control: private, no-cache, no-store, proxy-revalidate, no-transform
Connection: keep-alive
Content-Length: 277
Content-Type: text/html
Date: Wed, 10 Mar 2021 14: 24: 04 GMT
Etag: "575e1f72-115"
Last-Modified: Mon, 13 Jun 2016 02: 50: 26 GMT
Pragma: no-cache
Server: bfe/1.0.8.18
<!DOCTYPE html>
<!--STATUS OK--><html>
........</html>
```

以上就是 HTTP 向百度官网发出请求的过程，服务器应答并带着 HTML 网页的内容返回给浏览器，浏览器在接收到这些内容之后会根据 HTML 网页内容渲染出用户实际看到的网页。而爬虫的实现则是在 HTTP 请求收到服务器应答的内容之后，去解析 HTML 内容来获取用户需要的数据，然后保存并进行后续的操作，比如数据统计分析等。

### 11.1.2 使用 urllib 基础库爬取静态页面内容

urllib 是 Python 内置的 URL 处理模块，它提供了一系列用于操作 URL 的功能。urllib 的 request 模块可以非常方便地抓取 URL 内容，也就是发送一个 GET 请求到指定的页面，然后返回 HTTP 的响应。

```
from urllib import request
with request.urlopen(' httpAddr [illegible]
    data = f.read()
    print('Status: ', f.status, f.reason)
    for k, v in f.getheaders():
        print('%s: %s' % (k, v))
    print('Data: ', data.decode('utf-8'))
```

通过 request，可以直接请求百度的网址，大致内容如下。

```
Status: 200 OK
Bdpagetype: 1
Bdqid: 0xd7a253fb000b6044
Cache-Control: private
Content-Type: text/html;charset = utf-8
Date: Wed, 10 Mar 2021 14: 24: 04 GMT
Expires: Wed, 10 Mar 2021 14
...
Data: <!DOCTYPE html><!--STATUS OK-->
<html><head><meta http-equiv = "Content-Type" content = "text/html;charset = utf-8"><meta http-equiv = "X-UA- Compatible" content = "IE = edge,chrome = 1">
<meta content = "always" name = "referrer"><meta name = "theme-color" content = "#2932e1">
    <meta name = "description" content = "全球最大的中文搜索引擎、致力于让网民更便捷地获取信息，找到所求。百度超过千亿的中文网页数据库，可以瞬间找到相关的搜索结果。">
<link rel = "shortcut icon" href = "/favicon.ico" type = "image/x-icon" />
        ...
        < / body >
 </html >
```

从以上内容中可以看到请求 URL 资源后，服务器返回的状态码是 200 OK，且获取到了 HTTP 响应头和整个 HTML 文本信息。

将请求 URL 头换为“httpAddr-005”后，再次访问，出现了报错。

```
File "E: \python\lib\urllib\request.py", line 650, in http_error_default
    raise HTTPError(req.full_url, code, msg, hdrs, fp)
urllib.error.HTTPError: HTTP Error 418:
```

这主要是因为该网站禁止爬取信息。网站服务器后台从请求头的“User-Agent”字段识别出爬虫在获取资源，因而拒绝了该请求。此时可以尝试修改请求头的“User-Agent”字段。

首先打开浏览器开发者模式，然后访问任意一个网站，找到 Network 面板，单击任意一次 HTTP 请求，在 Request Headers 信息中可以看到请求头消息的 User-Agent 信息，如图 11-1 所示。

```
from urllib import request
req = request.Request('httpAddr-005')
req.add_header('User-Agent', 'Mozilla/5.0 (Windows NT 10.0; Win64; x64) AppleWebKit/537.36 (KHTML, like Gecko) Chrome/88.0.4324.190 Safari/537.36')
with request.urlopen(req) as f:
    data = f.read()
    print('Status: ', f.status, f.reason)
    for k, v in f.getheaders():
```

```
    print('%s: %s' % (k, v))
print('Data: ', data.decode('utf-8'))
```

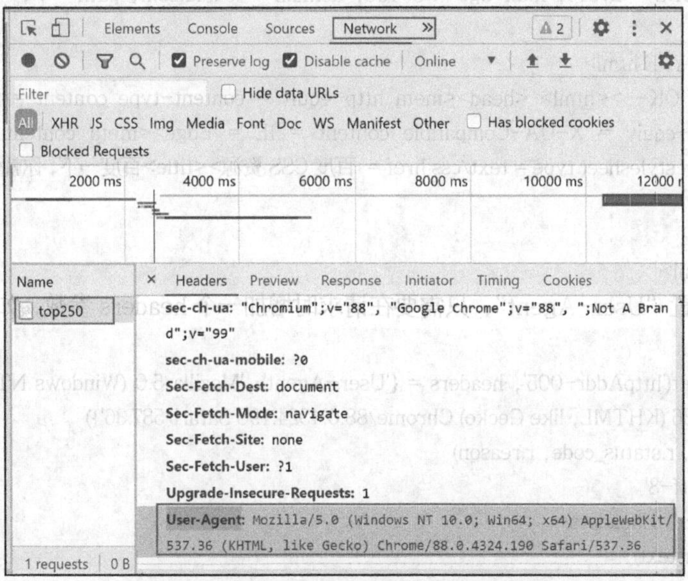


**图 11-1 利用开发者工具查看自生的浏览器信息**

我们还可以查看手机浏览器的“User-Agent”，这样获取的页面信息将更适合手机的移动版网页（前提是该网站做了该类型页面的区分）。

### 11.1.3 使用 requests 爬取静态网页内容

虽然 urllib 内置在 Python 中，可直接引入，但使用起来依然比较麻烦，也没有很多实用的高级功能。这时可以使用 requests 库，它是 Python 的一个第三方库，使用 requests 库处理 URL 资源非常方便。

#### 1. 安装 requests

pip 安装命令如下。

```
pip install requests
```

#### 2. 使用 requests 爬取网站

下面仍以爬取百度官网为例。

```
import requests
r = requests.get('httpAddr-004')
print('Status: ', r.status_code)
r.encoding = 'utf-8'
print('Headers: ',r.headers)
print('Data: ', r.text)
```

具体内容如下。

```
Status: 200 OK
Headers: {'Cache-Control': 'private, no-cache, no-store, proxy-revalidate, no-transform', 'Connection':
```

```
'keep-alive', 'Content-Encoding': 'gzip', 'Content-Type': 'text/html', 'Date': 'Tue, 30 Mar 2021 07: 11: 10 GMT', 'Last-Modified': 'Mon, 23 Jan 2017 13: 24: 18 GMT', 'Pragma': 'no-cache', 'Server': 'bfe/1.0.8.18', 'Set-Cookie': 'BDORZ = 27315; max-age = 86400; domain = .baidu.com; path = /', 'Transfer-Encoding': 'chunked'}
    Data: <!DOCTYPE html>
    <!--STATUS OK--><html> <head><meta http-equiv = content-type content = text/html;charset = utf-8><meta http-equiv = X-UA-Compatible content = IE = Edge><meta content = always name = referrer><link rel = stylesheet type = text/css href = 百度 CSS 资源><title>百度一下，你就知道</title></head>
    ...
    ...
    </body> </html>
```

如果想要设置“User-Agent”，只需要在请求时增加一个 headers 参数，如下。

```
import requests
r = requests.get('httpAddr-005', headers = {'User-Agent': 'Mozilla/5.0 (Windows NT 10.0; Win64; x64) AppleWebKit/537.36 (KHTML, like Gecko) Chrome/88.0.4324.190 Safari/537.36'})
print('Status: ', r.status_code, r.reason)
r.encoding = 'utf-8'
print('Headers: ', r.headers)
print('Data: ', r.text)
```

### 11.1.4 配置 urllib 和 requests 参数

在使用 urllib 和 requests 的过程中，由于网络环境、目标网站的情况不同，很多地方需要进行配置，下面介绍一些常见的设置。

#### 1. 代理服务器

有一些公司内部网络可能需要代理服务器来访问外部网站，这时就需要配置代理服务器。

在 urllib 中，需要用到 ProxyHandler 来配置代理服务器地址，然后用 build_opener()方法来使用配置的 ProxyHandler 请求目标 URL，具体代码如下。

```
from urllib.request import ProxyHandler, build_opener
proxy_handler = ProxyHandler({
    'http': '144.217.254.175: 3128',
    'https': '144.217.254.175: 3128'
})
opener = build_opener(proxy_handler)
with opener.open('httpAddr-008') as f:
    data = f.read()
    print('Status: ', f.status, f.reason)
    for k, v in f.getheaders():
        print('%s: %s' % (k, v))
    print('Data: ', data.decode('utf-8'))
```

在 requests 中使用代理服务器更简单一些，在请求时增加一个 proxies 参数即可。

```
import requests
proxies = {'http': '144.217.254.175: 3128', 'https': '144.217.254.175: 3128'}
r = requests.get('httpAddr-004/', proxies = proxies)
```

```
print('Status: ', r.status_code, r.reason)
r.encoding = 'utf-8'
print('Headers: ', r.headers)
print('Data: ', r.text)
```

**2. 超时**

网络连接超时指的是在程序默认的等待时间内没有得到服务器的响应。一旦客户端连接到服务器并且发送了 HTTP 请求，读取超时指的就是客户端等待服务器发送请求的时间。为防止服务器不及时响应，大部分发送至外部服务器的请求都应该带有 timeout 参数。如果没有 timeout 参数，代码可能会挂起若干分钟甚至更长时间。一个很好的实践方法是把连接超时设为比 3 的倍数略大的一个数值，因为 TCP 数据分组重传窗口的默认值是 3。

urllib 指定 timeout 参数非常简单，只需要在 urlopen 中增加 timeout 参数，如下（前后代码省略）。

```
with request.urlopen('httpAddr-004', timeout = 1) as f:
```

在默认情况下，除非显式指定了 timeout 值，否则 requests 是不会自动进行超时处理的。指定一个单一的值作为 timeout 后，代码如下（前后代码省略）。

```
r = requests.get('httpAddr-004', timeout = 5)
```

这一 timeout 值将会用作 connect 和 read 二者的 timeout，表示连接超时为 5 秒，连接后读取超时也为 5 秒。很多时候 HTTP 请求的数据比较大，比如图片等，读取的时间可能会比较长，此时需要分别指定 timeout 值，如下。

```
r = requests.get('httpAddr-004', timeout = (3, 30))
```

此时请求的连接超时为 3 秒，读取超时为 30 秒。如果远端服务器响应较慢，可以让 request 永远等待，传入一个 None 作为 timeout 值，如下。

```
r = requests.get('httpAddr-004', timeout = None)
```

## 11.2　浏览器的开发者工具

网络爬虫是一种按照一定的规则，自动抓取万维网信息的程序，而万维网信息的主要承载方式是浏览器。那么能不能利用浏览器自带的工具来快速定位页面元素，在整个网页中获取我们需要的内容呢？答案是肯定的。我们可以借助浏览器的开发者工具进行页面元素的定位，而几乎所有的浏览器都包含此开发者工具。

Chrome 开发者工具是一套内置于 Google Chrome 中的 Web 开发和调试工具，可用来对网站进行迭代、调试和分析。很多国产浏览器也带有这些功能，例如 UC 浏览器、QQ 浏览器、360 浏览器等。下面介绍如何利用开发者工具进行页面调试。

**1. 认识开发者工具**

打开 Chrome 浏览器，单击"设置"→"更多工具"→"开发者工具"，调出开发者工具窗口，如图 11-2 所示，也可以使用快捷键 F12 直接调出开发者工具窗口。

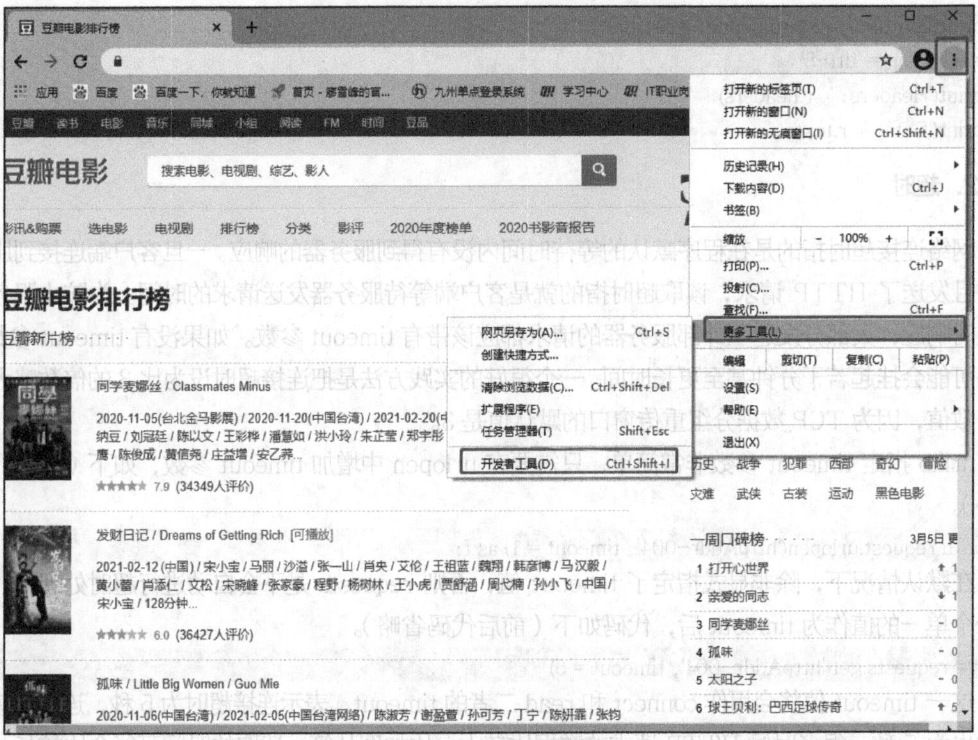


图 11-2 启用开发者工具

在弹出的开发者工具中，单击工具内的“⋮”，如图 11-3 所示。在弹出的面板中，可以通过单击“Dock side”选项，改变开发者工具相对的浏览器，展示窗口所在位置，也可以拖动开发者工具边侧，达到调整开发者工具大小的目的。在本书中，暂时将开发者工具放在浏览器右侧。

图 11-3 调整开发者工具位置

## 2. 元素面板

通过元素面板能查看抓取页面的渲染内容所在的标签、使用的 CSS 属性（例如：class =

“middle”）等内容。例如，我们想要抓取“豆瓣电影”主页中的动态标题，可以在网页页面上单击鼠标右键，选择“检查”，进入 Chrome 开发者工具的元素面板，如图 11-4 所示。

图 11-4　开发者工具元素面板

元素面板内容很多，我们可以通过两种方式快速定位到想要获取的元素。

**方式 1：**单击“元素选择器”，然后在浏览器上单击想要获取的元素，此时在元素面板内就可以定位到所需元素在元素文档中的位置，如图 11-5 所示。

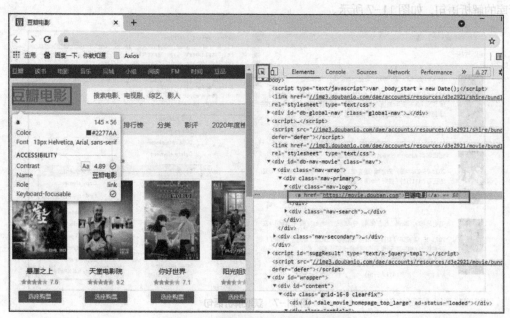


图 11-5　快速定位元素在元素面板的位置

**方式 2：**在元素面板内按<Ctrl+F>组合键，在弹出的搜索框内输入想要搜索的内容，再按<Enter>键，如图 11-6 所示。

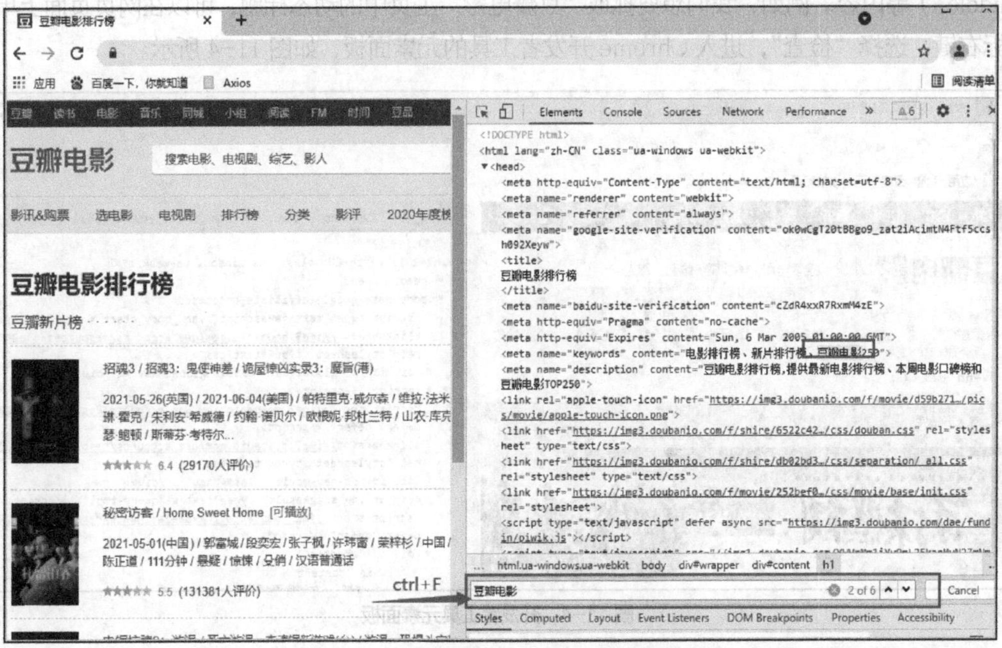


图 11-6　通过快捷键定位元素在元素面板的位置

通过这种方法，能快速定位页面某个 DOM 节点，然后提取出相关的解析语句。将鼠标指针移动到节点，然后单击鼠标右键，选择“Copy”，即可快速复制出 XPath、Selector、Style 等内容解析库的解析语句，如图 11-7 所示。

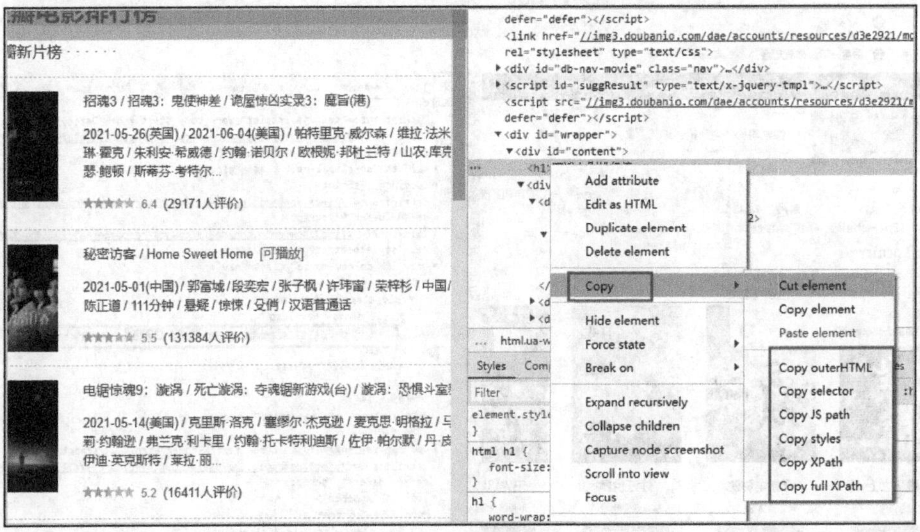


图 11-7　获取解析语句

### 3. 网络面板及其他

网络（Network）面板记录页面上每个网络操作的相关信息，包括详细的耗时数据、HTTP 请求与响应标头和 Cookie 等，如图 11-8 所示。

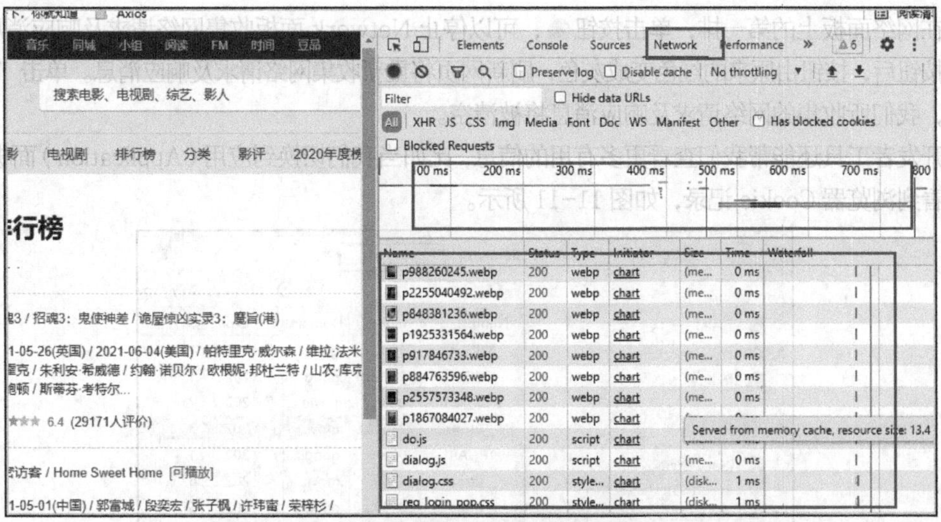

图 11-8　开发者工具 Network 面板

在开发者工具的中部位置，记录了启用开发者工具后请求网络资源的所有情况，结合鼠标拖拽可以过滤出启用开发者工具后某一段时间内请求到的网络资源，如图 11-9 所示。

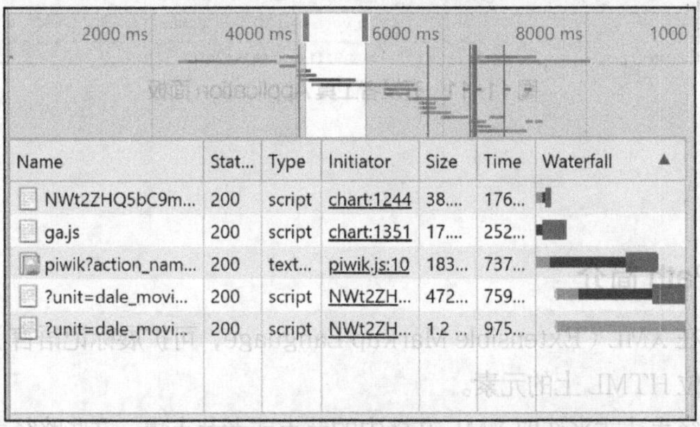

图 11-9　开发者工具过滤某时间段内的 Network 消息

单击任意文件名称都可以查看请求该文件时的 HTTP 请求头信息、请求体信息、响应头和响应体等信息，如图 11-10 所示。

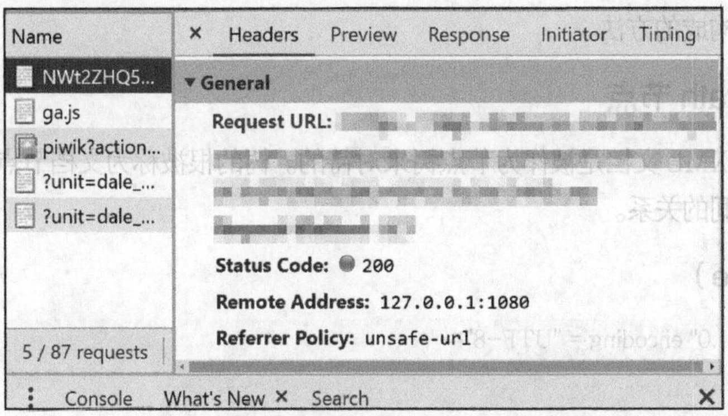


图 11-10　开发者工具某一条 Header 消息

在网络面板上的第一排，单击按钮●，可以停止 Network 面板收集网络请求及响应消息。单击该按钮后，按钮由原来的红色变成灰色，刷新网页将重新收集网络请求及响应消息。单击“clear”按钮，我们所收集的网络请求及响应消息将被清空。

开发者工具还能帮我们查看更多有用的信息，比如当我们切换到应用（Application）面板时，可以看到浏览器 Cookie 记录，如图 11-11 所示。

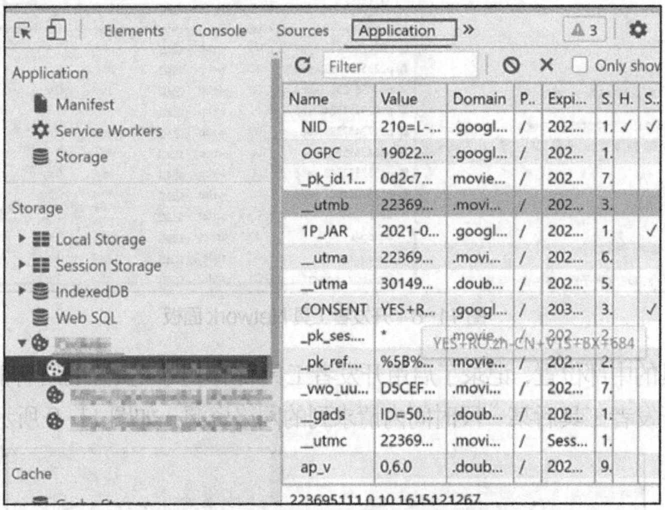


图 11-11 开发者工具 Application 面板

## 11.3 XPath

### 11.3.1 XPath 简介

XPath 是一门在 XML（Extensible Markup Language，可扩展标记语言）文档中查找信息的语言，也能帮助定位 HTML 上的元素。

XPath 使用路径表达式来选取 XML 文档中的节点或者节点集，这些路径表达式和我们在常规的计算机文件系统中看到的表达式非常相似。XPath 含有超过 100 个内置函数，这些函数用于字符串值、数值、日期和时间比较、序列处理、逻辑值等。1999 年 11 月 16 日，XPath 成为 W3C 标准，被设计供 XSLT、XPointer 以及其他 XML 解析软件使用。下面主要介绍 XPath 中有助于迅速定位页面标签构成的方法。

### 11.3.2 XPath 节点

在 XPath 中，XML 文档是被作为节点树来对待的。树的根被称为文档节点或者根节点，下面介绍节点及节点之间的关系。

#### 1. 节点（Node）

```
<?xml version = "1.0" encoding = "UTF-8"?>
<bookstore>
  <book>
    <title lang = "en">Harry Potter</title>
```

```
    <author>J. K. Rowling</author>
    <year>2005</year>
    <price>29.99</price>
  </book>
  <book>
    <title lang = "en">How To Read A Book</title>
    <author>Mortimer J. Adler</author>
    <year>1972</year>
    <price>61.00</price>
  </book>
</bookstore>
```

在上面的 XML 文档中的节点例子中：

（1）<book>和</book>为文档节点；

（2）<year>2005</year>为元素节点；

（3）<title>中的 lang = “en” 为属性节点；

（4）<author>中的 Mortimer J.Adler 为基本值（Atomic Value）。

### 2. 父（Parent）

每个元素和属性都有一个父元素。

在上面的例子中，book 元素是其内部 title、author、year 以及 price 元素的父元素。

### 3. 子（Children）

title、author、year 以及 price 元素都是外部 book 元素的子元素。

### 4. 同胞（Sibling）

每一个 book 元素内部 title、author、year 以及 price 元素之间都是同胞关系，两个 book 元素之间也是同胞关系。

### 5. 先辈（Ancestor）

某节点的父元素、父元素的父元素等都是该元素的先辈，如上述代码中的 author 的先辈有 book 元素，也有 bookstore 元素。

### 6. 后代（Descendant）

某个节点的子节点、子节点的子节点等都是该元素的后代。

bookstore 的后代有两个 book 和两个 book 元素的子元素。

## 11.3.3 XPath 语法

### 1. 选取节点

XPath 使用路径表达式在 XML 文档中选取节点，节点是通过路径或者步来选取的，如表 11-1 所示。

表 11-1　　XPath 使用路径选取节点

| 表达式 | 描述 |
|---|---|
| nodename | 选取此节点名的所有节点 |
| / | 从根节点选取 |
| // | 从匹配选择的当前节点开始，选择文档中的节点，而不考虑它们的位置 |
| . | 选取当前节点 |
| .. | 选取当前节点的父节点 |
| @ | 选取属性 |
| text() | 选取文字 |

仍然以上述的 XML 文档为例。使用路径表达式获取该 XML 中的节点元素，如表 11-2 所示。

表 11-2　　XPath 使用路径节点获取属性和文字

| 路径表达式 | 结果 |
|---|---|
| bookstore | 选取 bookstore 元素的所有子节点 |
| /bookstore | 选取根元素 bookstore<br>注意：假如路径起始于正斜杠(/)，则此路径始终代表到某元素的绝对路径 |
| bookstore/book | 选取属于 bookstore 元素的子元素的所有 book 元素 |
| //book | 选取所有 book 子元素，而不管它们在文档中的位置如何 |
| bookstore//book | 选择属于 bookstore 元素的后代的所有 book 元素，而不管它们位于 bookstore 之下的什么位置 |
| //@lang | 选取名为 lang 的所有属性 |

实验操作如下。

```
# 安装使用 XPath 的第三方库 lxml
# 安装方法: pip install lxml

# 导入第三方库
from lxml import etree

strs = """
<?xml version = "1.0" encoding = "UTF-8"?>
<bookstore>
  <book>
    <title lang = "en">Harry Potter</title>
    <author>J. K. Rowling</author>
    <year>2005</year>
    <price>29.99</price>
  </book>
  <book>
    <title lang = "en">How To Read A Book</title>
    <author>Mortimer J. Adler</author>
    <year>1972</year>
    <price>61.00</price>
  </book>
```

```
</bookstore>
"""
# 将 strs 字符串转成节点树
html = etree.HTML(strs)
# 1.获取 bookstore 节点
book_store = html.xpath("//bookstore")
print(book_store)   # [<Element bookstore at 0x2ee6b5d3388>]节点对象
# 2.获取 bookstore 下面的 book 节点
books = html.xpath("//bookstore/book")
print(books)   # [<Element book at 0x120ad9c3448>, <Element book at 0x120ad9c3488> 节点对象
# 3.获取 title 的节点和属性
for book in books:
    titles = book.xpath("./title") #  从第二条获取到的 book 节点获取当前子元素 title 节点
    print(titles)   # [<Element title at 0x16129363508>]节点对象
    title_value = book.xpath("./title/@lang")
    print(title_value)   # ['en'] lang 的属性值
# 4.获取所有 author 节点内的文字
author_text = html.xpath("//author/text()")
print(author_text) # ['J. K. Rowling', 'Mortimer J. Adler']
```

### 2. 谓语（Predicates）

在实践中，常常需要查找某个特定的节点或者包含某个指定的值的节点，使用谓语可以实现这个功能。

谓语是被嵌在方括号中的部分。表 11-3 列出了带有谓语的一些路径表达式，以及表达式的结果。

表 11-3　　XPath 使用带谓语的路径表达式

| 路径表达式 | 结果 |
|---|---|
| //bookstore/book[1] | 选取属于 bookstore 子元素的第一个 book 元素 |
| //bookstore/book[last()] | 选取属于 bookstore 子元素的最后一个 book 元素 |
| //bookstore/book[last()-1] | 选取属于 bookstore 子元素的倒数第二个 book 元素 |
| //bookstore/book[position()<3] | 选取最前面的两个属于 bookstore 元素的子元素的 book 元素 |
| //title[@lang] | 选取所有拥有名为 lang 的属性的 title 元素 |
| //title[@lang = 'en'] | 选取所有 title 元素，且这些元素拥有值为 en 的 lang 属性 |
| //bookstore/book[price>50.00] | 选取 bookstore 元素的所有 book 元素，且其中的 price 元素的值须大于 50.00 |
| //bookstore/book[price>505.00]/title | 选取 bookstore 元素中的 book 元素的所有 title 元素，且其中的 price 元素的值须大于 50.00 |

实验操作如下。

```
# 导入第三方库
from lxml import etree

strs = """
<?xml version = "1.0" encoding = "UTF-8"?>
<bookstore>
```

```
    <book>
      <title lang = "en">Harry Potter</title>
      <author>J. K. Rowling</author>
      <year>2005</year>
      <price>29.99</price>
    </book>
    <book>
      <title lang = "en">How To Read A Book</title>
      <author>Mortimer J. Adler</author>
      <year>1972</year>
      <price>61.00</price>
    </book>
</bookstore>
"""
# 将 strs 字符串转成节点树
html = etree.HTML(strs)
# 谓语操作
# 选取属于 bookstore 子元素的第一个 book 元素
print(html.xpath("//bookstore/book[1]")) # [<Element book at 0x19ed7023488>] book 节点
print(html.xpath("//bookstore/book[last()]")) # [<Element book at 0x19ed7023488>] book 节点
print(html.xpath("//bookstore/book[last()-1]")) # [<Element book at 0x19ed7023488>] book 节点
print(html.xpath("//title[@lang = 'en']")) #[<Element title at 0x1ff6a5f33c8>, <Element title at 0x1ff6a5f3308>] title 节点
print(html.xpath("//bookstore/book[price>50]")) # [<Element book at 0x23029023208>] book 节点
```

### 3. 选取未知节点

XPath 通配符可用来选取 XML 元素，XPath 通配符如表 11-4 所示。

表 11-4　XPath 通配符

| 通配符 | 描述 |
| --- | --- |
| * | 匹配任何元素节点 |
| @* | 匹配任何属性节点 |
| node() | 匹配任何类型的节点 |

以下列出了一些路径表达式以及这些表达式的结果，如表 11-5 所示。

表 11-5　使用带通配符的路径表达式

| 表达式 | 结果 |
| --- | --- |
| /bookstore/* | 选取 bookstore 元素的所有子元素 |
| //* | 选取文档中的所有元素 |
| //title[@*] | 选取所有带有属性的 title 元素 |

实验操作如下。

```
# 导入第三方库
from lxml import etree
```

```
strs = """
<?xml version = "1.0" encoding = "UTF-8"?>
<bookstore>
  <book>
    <title lang = "en">Harry Potter</title>
    <author>J. K. Rowling</author>
    <year>2005</year>
    <price>29.99</price>
  </book>
  <book>
    <title lang = "en">How To Read A Book</title>
    <author>Mortimer J. Adler</author>
    <year>1972</year>
    <price>61.00</price>
  </book>
</bookstore>
"""

# 将 strs 字符串转成节点树
html = etree.HTML(strs)
# 找未知标签的属性为 lang = 'en'，获取标签内的文字
print(html.xpath("//*[@lang = 'en']/text()"))  # ['Harry Potter', 'How To Read A Book']
# 找任意标签和任意属性，但属性值为 en ,获取标签中的文字
print(html.xpath("//*[@* = 'en']/text()"))  # ['Harry Potter', 'How To Read A Book']
```

### 11.3.4 实训项目——提取中慧公司教材信息

#### 1. 实验需求

在中慧官网提取教材数据，并输出。

#### 2. 实验步骤

（1）安装 Python 第三方库 lxml：pip install lxml；
（2）安装 Python 第三方库 requests：pip install requests；
（3）导入 lxml 中的分析树 etree 和 requests；
（4）获取网站链接地址；
（5）发起响应；
（6）提取数据；
（7）循环列表并输出。

#### 3. 代码实现

```
import requests
from lxml import etree
```

```
    url = "httpAddr-017"
    headers = {'User-Agent': 'Mozilla/5.0 (Windows NT 10.0; Win64; x64) AppleWebKit/537.36 (KHTML, like Gecko) Chrome/91.0.4472.77 Safari/537.36'}
    resp = requests.get(url=url, headers=headers)
    html = resp.content.decode()
    p = etree.HTML(html)
    # 提取每一本教材的 div 列表
    div_list = p.xpath('//div[@class="news-list two-column clear"]/div')
    for div in div_list:
        books = {}
        # 提取教材名字
        name = div.xpath('./a/@title')[0]
        # 提取教材日期
        date = div.xpath('./div[@class="right news-info"]/div[@class="date"]/text()')[0]
        books['name'] = name
        books['date'] = date
        print(books)
```

运行结果如下。

```
{'name': '中慧科技 Web 开发校企合作系列教材-《 Node.js 应用开发》介绍', 'date': '2021 年 7 月 2 日'}
{'name': '中慧科技 Web 开发校企合作系列教材-《Java Web 应用开发》介绍', 'date': '2021 年 6 月 30 日'}
{'name': '中慧科技 Web 开发校企合作系列教材-《Java 程序设计基础》介绍', 'date': '2021 年 6 月 8 日'}
{'name': '中慧科技 Web 开发校企合作系列教材—《MySQL 数据库》介绍', 'date': '2021 年 6 月 8 日'}
{'name': '中慧科技 Web 开发校企合作系列教材-《Java 高级程序设计》介绍', 'date': '2021 年 6 月 8 日'}
{'name': '中慧科技 Web 开发系列教材-《HTML5 与 CSS3 程序设计》介绍', 'date': '2021 年 6 月 8 日'}
{'name': '中慧科技 Web 开发校企合作系列教材-《Vue 应用程序开发》介绍', 'date': '2021 年 6 月 3 日'}
{'name': '中慧科技 Web 开发校企合作系列教材-《Java EE 企业级应用开发》介绍', 'date': '2021 年 6 月 3 日'}
{'name': '《PHP 程序设计》介绍', 'date': '2021 年 5 月 24 日'}
{'name': '《HTML5 与 CSS3 程序设计》介绍', 'date': '2021 年 3 月 23 日'}
```

**4. 代码分析**

本项目的重点在于爬虫流程，难点是 lxml 库，需要记忆 XPath 语法规则。

## 11.4 Beautiful Soup 4

### 11.4.1 Beautiful Soup 简介

Beautiful Soup 是一个可以从 HTML 或 XML 文件中提取数据的 Python 库，它能够通过用户喜欢的转换器实现惯用的文档导航、查找和文档修改的方式。Beautiful Soup 会帮用户节省数小时甚至数天的工作时间。

利用 pip install beautifulsoup4 可直接安装 Beautiful Soup 4。

Beautiful Soup 默认支持 Python 的标准 HTML 解析库，同时也支持一些第三方的解析库，如表 11-6 所示。

表 11-6 Beautiful Soup 解析库

| 序号 | 解析库 | 使用方法 | 优势 | 劣势 |
|---|---|---|---|---|
| 1 | Python 标准库 | BeautifulSoup(html,'html.parser') | Python 内置标准库；执行速度快 | 容错能力较差 |
| 2 | lxml HTML 解析库 | BeautifulSoup(html,'lxml') | 速度快；容错能力强 | 需要安装，需要 C 语言库 |
| 3 | lxml XML 解析库 | BeautifulSoup(html,['lxml','xml']) | 速度快；容错能力强；支持 XML 格式 | 需要 C 语言库 |
| 4 | html5lib 解析库 | BeautifulSoup(html,'html5lib') | 以浏览器方式解析，容错能力最好 | 速度慢 |

## 11.4.2 Beautiful Soup 的基础使用

同 XPath 一样，给出如下一段 HTML 代码，后续会多次使用。

```
html_doc = """
<html><head><title>The Dormouse's story</title></head>
<body>
<p class = "title"><b>The Dormouse's story</b></p>
<p class = "story">Once upon a time there were three little sisters; and their names were
<a href = "httpAddr-014" class = "sister" id = "link1">Elsie</a>,
<a href = "httpAddr-015" class = "sister" id = "link2">Lacie</a> and
<a href = "httpAddr-016" class = "sister" id = "link3">Tillie</a>;
and they lived at the bottom of a well.</p>
<p class = "story">...</p>
"""
```

Python 代码如下。

```
from bs4 import BeautifulSoup
soup = BeautifulSoup(html_doc, 'html.parser')
print(soup.prettify())
```

通过 soup.prettify()，代码将会缩进格式化，输出如下。

```
<html>
 <head>
  <title>
   The Dormouse's story
  </title>
 </head>
 <body>
  <p class = "title">
   <b>
    The Dormouse's story
   </b>
  </p>
  <p class = "story">
   Once upon a time there were three little sisters; and their names were
   <a class = "sister" href = "httpAddr-014" id = "link1">
    Elsie
   </a>
   ,
   <a class = "sister" href = "httpAddr-015" id = "link2">
```

```
    Lacie
</a>
and
<a class = "sister" href = "httpAddr-016" id = "link3">
    Tillie
</a>
;
...
...
```

如果已经安装 lxml HTML 解析库，在进行文档解析时，也可以尝试使用以下代码。

```
soup = BeautifulSoup(html_doc, 'lxml')
```

另外，还可以使用本地 HTML 文件来创建对象，如下。

```
soup = BeautifulSoup(open('index.html'))
```

上面这句代码便可将本地 index.html 文件打开，用它来创建 soup 对象。

除了 soup.prettify()以外，还有如下一些常用的页面元素的定位方式。

```
# 获取 title 标签的所有内容
print(soup.title)
# 获取 title 标签的名称
print(soup.title.name)
# 获取 title 标签的文本内容
print(soup.title.string)
# 获取 head 标签的所有内容
print(soup.head)
# 获取第一个 p 标签中的所有内容
print(soup.p)
# 获取第一个 p 标签的 class 的值
print(soup.p["class"])
# 获取第一个 a 标签中的所有内容
print(soup.a)
# 获取所有 a 标签中的所有内容
print(soup.find_all("a"))
# 获取 id = "u1"
print(soup.find(id = "link1"))
# 获取所有的 a 标签，并遍历输出 a 标签中的 href 的值
for item in soup.find_all("a"):
    print(item.get("href"))
# 获取所有的 a 标签，并遍历输出 a 标签的文本值
for item in soup.find_all("a"):
    print(item.get_text())
```

### 11.4.3 Beautiful Soup 4 四大对象种类

Beautiful Soup 4 将复杂 HTML 文档转换成一个复杂的树形结构，每个节点都是 Python 对象，所有对象可以归纳为以下 4 种。

#### 1. Tag

Tag 是 HTML 中的一个个标签，Tag 对象与 XML 或 HTML 原生文档中的 Tag 相同。

```
soup = BeautifulSoup('<b class = "boldest">Extremely bold</b>')
tag = soup.b
print(type(tag)) # <class 'bs4.element.Tag'>
```

Tag 有两个重要的属性：name 和 attributes。

```
# 获取标签名称
print(tag.name)   # b
# 获取标签 class 属性列表
print(tag["class"])   # ['boldest']
# 获取该标签属性字典
print(tag.attrs)   # {'class': ['boldest']}
```

### 2. NavigableString

在得到标签的内容后，可以用.string 获取标签内部的文字。

```
# 获取标签内部文字
print(tag.string)
```

### 3. BeautifulSoup

BeautifulSoup 对象表示的是一个文档的全部内容。大多数情况下，可以把它当作一个特殊的 Tag，我们可以分别获取它的类型、名称和属性。

```
soup = BeautifulSoup(html_doc,'lxml')
# 获取类型
print(type(soup.name))   # <class 'str'>
# 获取名称
print(soup.name)   # [document]
# 获取属性
print(soup.attrs)   # {}
```

### 4. Comment

Comment 对象是一个特殊类型的 NavigableString 对象。

```
html_doc = '''
<a href = "httpAddr-014" class = "sister" id = "link1"><!--Elsie--></a>'''
soup = BeautifulSoup(html_doc,'lxml')
print(soup.a)
print(soup.a.string) # Elsie
print(type(soup.a.string)) # <class 'bs4.element.Comment'>
```

a 标签里的内容实际上是注释，但是如果使用.string 来输出它的内容，我们会发现它的注释符号已被去掉，这可能会带来不必要的麻烦，所以在使用的时候需要特别注意。

## 11.4.4　Beautiful Soup 的高级用法

### 1. 遍历

（1）contents：获取 Tag 的所有子节点，返回一个列表。

```
soup = BeautifulSoup(html_doc,'lxml')
# Tag 的.content 属性可以将 Tag 的子节点以列表的方式输出
print(soup.head.contents)
# 用列表索引来获取它的某一个元素
print(soup.head.contents[0])
```

（2）children：获取 Tag 的所有子节点，返回一个生成器。

```
for child in  soup.body.children:
    print(child)
```

### 2. 搜索

（1）find_all()方法

find_all(name，attrs，recursive，text，**kwargs)方法搜索当前 Tag 的所有 Tag 子节点，并判断是否符合过滤器的条件。

① name 参数。

name 可以是字符串，以查找与字符串完全匹配的元素内容；也可以是一个列表。Beautiful Soup 4 将返回列表中匹配到的元素节点，传入一个方法，根据方法来匹配内容。如果传入的是正则表达式，那么 Beautiful Soup 4 会通过 search()方法来匹配内容。

```
# 传入字符串
a_list = soup.find_all("a")
print(a_list)
# 传入列表
t_list = soup.find_all(["meta", "link"])
# 传入正则表达式
t_list = soup.find_all(re.compile("a"))
# 传入方法
def name_is_exists(tag):
    return tag.has_attr("name")
t_list = soup.find_all(name_is_exists)
```

② attrs 参数。

并不是所有的属性都可以使用上面这种方式进行搜索，比如 HTML 的 data-*属性，此时可以使用 attrs 参数，定义一个字典来搜索包含特殊属性的 Tag。

```
t_list = soup.find_all(attrs = {"data-foo": "value"})
```

③ kwargs 参数。

```
# 查询 id = head 的 Tag
t_list = soup.find_all(id = "head")
# 查询所有包含 class 的 Tag(注意：class 在 Python 中属于关键字，所以加“_”以示区别)
t_list = soup.find_all(class_ = True)
```

④ text 参数。

通过 text 参数可以搜索文档中的字符串内容，与 name 参数的可选值一样。

```
t_list = soup.find_all(attrs = {"data-foo": "value"})
t_list = soup.find_all(text = "hao123")
```

（2）find()方法

find(name，attrs，recursive，text，**kwargs)方法与 find_all()方法类似，只是它返回符合条件的第一个 Tag。

### 3. CSS 选择器

```
# 通过标签名查找
print(soup.select('a'))
# 通过类名查找
```

```
print(soup.select('.mnav'))
# 通过 id 查找
print(soup.select('#u1'))
# 组合查找
print(soup.select('div .bri'))
# 属性查找
print(soup.select('a[class = "bri"]'))
# 获取内容
print(soup.select('title')[0].get_text())
```

### 11.4.5　实训项目——《山海经》名著下载

**1. 实验需求**

在古诗文官方网站获取《山海经》的网页数据，提取需要的内容，并下载和保存。

**2. 实验步骤**

（1）安装 Python 第三方库 bs4:pip install bs4；
（2）安装 Python 第三方库 requests:pip install requests；
（3）导入 Beautiful Soup 4 中的 BeautifulSoup 和 requests；
（4）获取链接地址；
（5）发起响应；
（6）提取书的章节名和详情内容的链接地址；
（7）循环列表；
（8）请求书的章节详情内容地址，提取数据；
（9）以 CSV 文件形式下载，保存章节内容。

**3. 代码实现**

```
''
from bs4 import BeautifulSoup
import requests
import csv
import os


class ShanHaiSpider:
    def __init__(self):
        # 初始 Url
        self.url = "httpAddr-009"
        # 存储小说的文件夹
        self.dir = '山海经'
        if not os.path.exists(self.dir):
            os.makedirs(self.dir)

    def get_html(self, url):
        # 发送请求，获取响应内容
        resp = requests.get(url=url)
        return resp.content.decode()
```

```
    def get_name_and_link(self):
        # 向初始的 url 发送请求，获取响应
        html = self.get_html(self.url)
        soup = BeautifulSoup(html, "lxml")
        # 匹配 class 属性为 div 的节点，即山经和海经
        bookcont_list = soup.select("div[class = bookcont]")
        # 遍历
        for book in bookcont_list:
            # 获取下面所有的 a 节点
            a_list = book.find_all("a")
            # 遍历得到每一个 a 节点
            for a in a_list:
                # 获取 a 节点的 href 属性，即链接
                content_href = a.get("href")
                # 获取 a 节点的文本
                content_name = a.get_text()
                # 拼接文件名
                file_name = os.path.join(self.dir, '%s.csv' % content_name)
                # 调用方法获取小说内容并存储 CSV 文件
                self.get_data_and_save(file_name, content_href)

    def get_data_and_save(self, file_name, link):
        # 发送请求获取页面内容
        content = self.get_html(link)
        soup = BeautifulSoup(content, 'lxml')
        # 找到 class 属性为 contson 的节点下面的 p 节点
        content_list = soup.select('.contson p')
        # 遍历获取文本，然后通过\n 进行拼接
        content = '\n'.join([c.get_text().strip() for c in content_list])
        print(content)
        # 打开文件，写入内容
        with open(file_name, 'w', encoding='utf-8', newline='') as f:
            writer = csv.writer(f)
            writer.writerow([content])

    def run(self):
        self.get_name_and_link()


if __name__ == "__main__":
    spider = ShanHaiSpider()
    spider.run()
''
```

运行结果如图 11-12 所示。

图 11-12　下载名著《山海经》存入 Excel 文件中

### 4. 代码分析

本项目的重点在于爬虫流程，难点在于 Beautiful Soup 库中方法的记忆和网页资源分析，以及 CSV 文件保存操作。

## 11.5 项目实训——汽车图片资源下载

### 1. 实验需求

在东风日产官方网站获取汽车商品的图片地址和名称，并使用 requests 请求图片进行下载和保存。

### 2. 实验步骤

（1）安装 Python 第三方库 lxml：pip install lxml；
（2）安装 Python 第三方库 requests: pip install requests；
（3）导入 lxml 中的分析树 etree 和 requests；
（4）获取请求链接；
（5）发起响应；
（6）XPath 提取数据；
（7）循环图片链接地址列表和名称列表；
（8）提取图片内容并保存。

### 3. 代码实现

```
# 汽车图片资源下载
from lxml import etree
import requests
# 1.车展地址
url = "httpAddr-011"
# 2.requests 模拟浏览器发送请求
response = requests.get(url)
# print(response.text)
html = etree.HTML(response.text)
# 3.提取数据
li_list = html.xpath("//ul[@class = 'clearfix J-car-screen m-car__screen']/li")
for li in li_list:
    item = {}
    item["car_name"] = li.xpath(".//div[@class = 'car-index__text-box']/h4/text()")[0]
    item["car_img"] = "http: "+li.xpath(".//div[@class = 'car-index__pic-box']/img/@data-original")[0]

    # 图片保存
    response = requests.get(item["car_img"])
    with open("./img/{}.jpg".format(item["car_name"]), "wb") as f:
        f.write(response.content)
    print(item["car_name"], "图片下载成功...")
```

运行结果如图 11-13 所示。

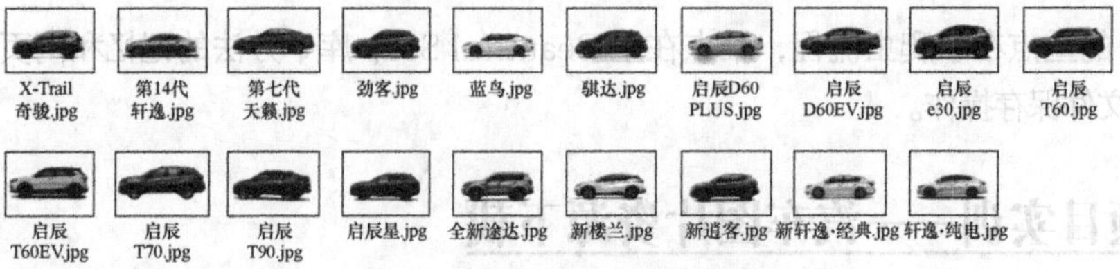


图 11-13　汽车图片资源下载

### 4. 代码分析

本项目的重点在于爬虫提取数据的流程，根据链接发起响应、提取数据、保存数据，难点在于 XPath 语法记忆和网站元素的分析。

## 本章小结

在前面的内容中，我们已经全面学习了 Python 的基础知识，也了解到 HTTP 以及网站的前端和后端的运行原理，还学习了定位和抽取页面信息的基本方法，其中 XPath、Beautiful Soup、正则表达式都能帮助我们从 HTML 文档中获取元素的信息，其中每一种方式在特定的环境中都有其各自的优势。基于此，我们就能在网页数据获取和提取方面轻松获取需要的数据。

## 习　题

### 一、多选题

1. 下面关于 Python 的描述中正确的有（　　）。

   A. XPath 是 Python 第三方库

   B. XPath 是一门在 XML 文档中查找信息的语言

   C. Python 的 re 模块可以帮助我们实现正则表达式

   D. Beautiful Soup 可以帮助我们从 HTML 中定位和提取数据

2. 下面导入对象的语句中，正确的有（　　）。

   A. LXML 可以处理 XML 文档

   B. Beautiful Soup 可以利用 LXML、HTML 解析库

   C. 正则表达式“[A-Z]”表示匹配“A”“-”“Z”3 个字符

   D. 启用 Chrome 浏览器开发者工具的快捷键是<F11>

### 二、上机实践

1. 利用浏览器开发者工具获取豆瓣电影 Top 250 中第一页的页面信息，再结合 XPath 或 Beautiful Soup 以及 re 模块获取该页面电影的名称、评分以及评价人数。

2. 利用 Python re 模块写出身份证号码的正则判断。

# 第12章 数据存储和可视化

**本章导学**

**根据不同的需求，要爬取的数据可能会很多，这时就需要把数据保存下来进行后续的清理、分析、统计操作。常用的存储方式有数据库存储、文件存储等，其中，使用数据库方式来存储数据涉及不同的数据库系统，每种数据库系统之间的差别也很大，比较复杂。如果数据量不是很多，统计分析也比较简单，那么可以优先采用文件存储的方式。下面就结合前面学到的文件操作和爬虫知识，存储爬取的数据并且可视化呈现出来。**

**学习目标**

（1）爬取数据，并且用 TXT、JSON、CSV、Excel 文件存储数据。

（2）读取用 JSON 格式存储的数据并解析。

（3）使用网页呈现解析的 JSON 格式数据。

## 12.1 使用 TXT、JSON、CSV、Excel 存储爬取的数据

可以把爬取到的网页数据存储到本地磁盘上，方便以后对其进行分析。本章以爬取中慧云启科技集团有限公司（以下简称“中慧”）产品与解决方案为例，一步一步实现。

### 12.1.1 TXT 文件存储

首先使用 requests 来爬取网页，并使用文件存储操作将前面章节直接输出的网页内容保存到文件中，以大文件方式为例，代码如下。

```
import requests
headers = {"User-Agent": 'Mozilla/5.0 (Windows NT 10.0; Win64; x64) AppleWebKit/537.36 (KHTML, like Gecko) Chrome/91.0.4472.77 Safari/537.36'}
resp = requests.get(url='httpAddr-010', headers=headers)
f = open('test.txt', 'w+', encoding='utf-8')
f.write(resp.text)
f.close()
```

程序运行完后可以看到当前目录下多了一个 text.txt 文件，打开该文件后可以看到其中的网页的 HTML 代码。但是这样保存下来的文件中无用的数据太多，此时就需要分析网页结构，用 Beautiful

Soup 去获取对应 HTML 标签中的数据。对于某些数据我们可能还需要用正则表达式去匹配获取，然后把有用的数据以 CSV、JSON 等格式存储下来。

### 12.1.2 CSV 文件存储有用的数据

我们可以先分析中慧的产品与解决方案的网页，其中包含 3 个子网页，分别是成功案例、教育解决方案、行业解决方案。每一个子网页中有多条数据，每条数据包含“名字”“日期”等信息，获取每个信息之后，再写入 CSV 文件中。

```
import requests
import csv
from lxml import etree
class ZhSpider:
    def __init__(self):
        self.headers = {"User-Agent": 'Mozilla/5.0 (Windows NT 10.0; Win64; x64) AppleWebKit/537.36 (KHTML, like Gecko) Chrome/91.0.4472.77 Safari/537.36'}
        self.f = open('test.csv', 'w', encoding='utf-8', newline='')
        self.writer = csv.writer(self.f)
        self.writer.writerow(['名字', '日期', '类别'])
        self.url = 'httpAddr-010'

    def get_html(self, url):
        resp = requests.get(url=url, headers=self.headers)
        return resp.content.decode()

    def get_page_urls(self):
        """通过初始 url 获取 3 个子网页的 url 和名字"""
        html = self.get_html(self.url)
        p = etree.HTML(html)
        # 匹配种类名字
        kinds = p.xpath('//ul[@class="sub-menu"]')[1].xpath('./li/a/text()')
        # 匹配链接
        links = p.xpath('//ul[@class="sub-menu"]')[1].xpath('./li/a/@href')
        # 生成字典
        dic = dict(zip(kinds, links))
        return dic

    def parse_page_data(self, dic):
        """解析每一页的数据，然后写入 CSV 文件中"""
        for kind, link in dic.items():
            html = self.get_html(link)
            p = etree.HTML(html)
            # 获取每一条数据的 div 列表
            div_lst = p.xpath('//div[@class="news-list two-column clear"]/div')
            for div in div_lst:
                # 获取名字
                name = div.xpath('./a/@title')[0]
                # 获取日期
```

```
                date = div.xpath('./div[@class="right news-info"]/div[@class="date"]/text()')[0]
                # 写入 CSV 文件
                self.writer.writerow([name, date, kind])

    def run(self):
        link_dic = self.get_page_urls()
        self.parse_page_data(link_dic)

if __name__ == "__main__":
    spider = ZhSpider()
    spider.run()
```

程序执行完后就可以看到当前目录下多了一个 test.csv 文件，直接用 Excel 打开就可以很直观地看到表格化的数据。

### 12.1.3　JSON 格式存储数据

采用 CSV 格式存储数据，虽然用 Excel 打开文件方便查看，但是在实际应用中，我们还可能需要用程序去处理数据，或者把数据以图表的方式以网页形式呈现，这时 CSV 格式就不太方便了。因此，我们可以在爬取网页的时候以 JSON 格式来存储数据，这样会更方便读取和呈现数据。

```
import requests
from lxml import etree
import json

class ZhSpider:
    def __init__(self):
        self.headers = {"User-Agent": 'Mozilla/5.0 (Windows NT 10.0; Win64; x64) AppleWebKit/537.36
(KHTML, like Gecko) Chrome/91.0.4472.77 Safari/537.36'}
        self.f = open('test.csv', 'w', encoding='utf-8', newline='')
        self.url = 'httpAddr-010'
        self.items = []

    def get_html(self, url):
        resp = requests.get(url=url, headers=self.headers)
        return resp.content.decode()

    def get_page_urls(self):
        html = self.get_html(self.url)
        p = etree.HTML(html)
        kinds = p.xpath('//ul[@class="sub-menu"]')[1].xpath('./li/a/text()')
        links = p.xpath('//ul[@class="sub-menu"]')[1].xpath('./li/a/@href')
        dic = dict(zip(kinds, links))
        return dic

    def parse_page_data(self, dic):
        for kind, link in dic.items():
```

```
            html = self.get_html(link)
            p = etree.HTML(html)
            div_lst = p.xpath('//div[@class="news-list two-column clear"]/div')
            for div in div_lst:
                name = div.xpath('./a/@title')[0]
                date = div.xpath('./div[@class="right news-info"]/div[@class="date"]/text()')[0]
                # 将每一条数据封装成一个字典，然后追加到一个列表中
                self.items.append({'name': name, 'date': date, 'kind': kind})

    def save2json(self):
        # 将列表写入 JSON 文件中
        with open('test.json', 'w', encoding='utf-8') as f:
            json.dump(self.items, f, ensure_ascii=False, indent=4)

    def run(self):
        link_dic = self.get_page_urls()
        self.parse_page_data(link_dic)
        self.save2json()

if __name__ == "__main__":
    spider = ZhSpider()
    spider.run()
```

## 12.2 解析JSON数据

我们已经学习过如何读取 JSON 文件，接下来就把 12.1 节中保存的 JSON 数据读取并解析出来，代码如下。

```
import json
with open('test.json', encoding='utf-8') as f:
    data = json.load(f)
    for d in data:
        print(d)
```

这样我们就得到了爬取的所有数据，但在进行数据统计分析时，可能只需要用到一部分数据，所以还需要进一步筛选和清理数据。现在的数据总共有 3 个字段，分别是“name”“date”“kind”，接下来我们可以统计每个类别的数据分别有多少条。

```
import json

# 初始化一个字典
data = dict()
with open('test.json', encoding='utf-8') as f:
    items = json.load(f)
    for item in items:
        # 得到每条数据的类别
        kind = item['kind']
```

```
        # 统计每个类别的数据的数量，存入字典中
        if kind not in data:
            data[kind] = 0
        data[kind] += 1
print(data)
```

执行后就可以看到每个类别的数据条数输出如下。

```
{'行业解决方案': 10, '教育解决方案': 9, '成功案例': 5}
```

如果需要以其他方式呈现数据，比如以 ECharts 图表的方式在网页展示数据，还需要把数据的格式修改成 ECharts 所需要的格式，比如如果饼图需要的是[{"value": 1, "name": "名称"}]格式，就需要转换数据，如下。

```
import json

data = dict()
with open('test.json', encoding='utf-8') as f:
    items = json.load(f)
    for item in items:
        kind = item['kind']
        if kind not in data:
            data[kind] = 0
        data[kind] += 1
print(data)

output = []
for i in data.keys():
    o = dict()
    o['name'] = i
    o['value'] = data[i]
    output.append(o)
with open("data.json", "w", encoding='utf-8') as f:
    json.dump(output, f, ensure_ascii=False, indent=4)
```

以上就是常见的数据分析、筛选的过程，然后将生成的 data.json 文件保存在目录中，接下来我们会用到它，把筛选后的数据用网页呈现出来。

## 12.3　运用网页呈现数据

我们在 12.2 节中已经准备了 ECharts 饼图格式的数据，接下来用网页加载 data.json 的内容，并显示出来。

```
<!DOCTYPE html>
<html>
<head>
    <meta charset = "utf-8">
    <title>ECharts 饼图</title>
    <script src = "./js/jquery.min.js"></script>
```

```
        <!-- 引入 echarts.js -->
        <script src = "./js/echarts.min.js"></script>
    </head>
    <body>
        <!-- 为 ECharts 准备一个具备大小（宽高）的 DOM -->
        <div id = "main" style = "width: 600px;height: 400px;"></div>
        <script type = "text/javascript">
            // 基于准备好的 DOM，初始化 ECharts 实例
            var myChart = echarts.init(document.getElementById('main'));
            $.get('data.json', function (data) {
                myChart.setOption({
                    series : [
                        {
                            name: '访问来源',
                            type: 'pie',      // 设置图表类型为饼图
                            radius: '55%',  // 饼图的半径
                            data: data
                        }
                    ]
                })
            }, 'json')
        </script>
    </body>
```

将以上代码保存为文件名为 data.html 的文件，并和 data.json 保存在同一个目录下。这时候如果直接双击 data.html 文件，在浏览器打开，会发现一片空白，出现这种情况的原因在于我们在 HTML 中获取 data.json 的方式是 Ajax，即在网页中通过 JavaScript 脚本动态获取数据，而在浏览器中无法通过 Ajax 方式访问本地文件，此时就需要一个 http 服务器。

Python 中自带了一个简单的 http 服务器，在命令行模式下，进入 data.html 和 data.json 所在的目录，执行 python -m http.server 8080 命令，就可以开启一个端口号为 8080 的 http 服务器，此时在浏览器中打开 http://localhost: 8080/data.html，就可以正常显示 ECharts 饼图了，如图 12-1 所示。

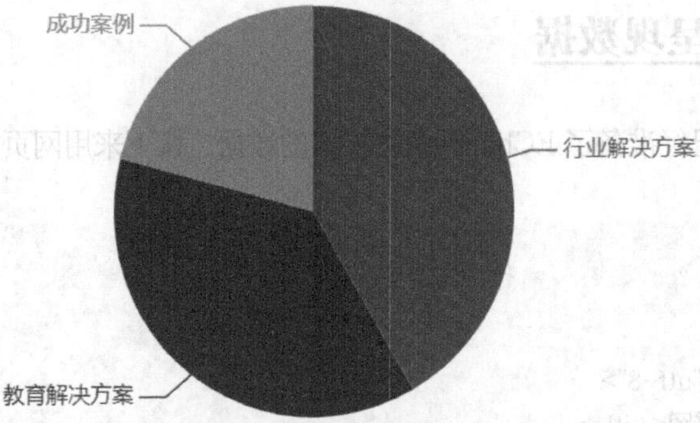


图 12-1 ECharts 饼图

## 12.4　项目实训——音乐网站排行榜

### 1. 实验需求

本项目用到了 Python 中的爬虫，提取音乐网站的周点击量数据，再将数据保存到 JSON 文件中，使用 HTML 前端网页获取 JSON 数据，并绘图显示。

### 2. 实验步骤

（1）创建 spider_music.py 文件，编辑爬虫脚本；
（2）安装 Python 第三方库 Beautiful Soup 4：pip install bs4；
（3）安装 Python 第三方库 requests：pip install requests；
（4）导入 requests、Beautiful Soup 4 中的 Beautiful Soup 和标准库 JSON；
（5）获取网站链接地址；
（6）发起响应；
（7）提取数据；
（8）保存到 JSON 文件；
（9）开启 Python 服务器；
（10）创建 show_music.html 文件；
（11）加载 jquery.min.js 和 echarts.min.js 文件；
（12）使用 Ajax 获取 JSON 数据；
（13）ECharts 绘图显示。

### 3. 代码实现

```
# 音乐网站排行榜与可视化
import json
import requests
from lxml import etree
# 1url 地址
url = "httpAddr-013"
# 2.获取响应
response = requests.get(url)
# print(response.text)
# 3.提取数据
html = etree.HTML(response.text)
# 得到 li 列表
li_list = html.xpath("//ul[@class = 'listCentent']/li")
# print(li_list)
music_list = []
with open("music_data.json", "w") as f:
    for li in li_list:
        item = {}
```

```
            item["music_name"] = li.xpath(".//a[@class = 'pr10 fz14']/text()")[0]
            item["music_rank"] = li.xpath(".//p[@class = 'RtCData'][1]/a/text()")[0]
            # print(item)
            music_list.append(item)

# 保存到 JSON 文件
with open("music_data.json","w",encoding = "utf-8") as f:
    json.dump(music_list,f,ensure_ascii = False,indent = 2)
```

运行结果为 music_data.json 文件，如图 12-2 所示。


```
[
  {
    "music_name": "酷狗音乐",
    "music_rank": "1673"
  },
  {
    "music_name": "九酷音乐网",
    "music_rank": "4196"
  },
  {
    "music_name": "酷我音乐",
    "music_rank": "10586"
  },
  {
    "music_name": "网易云音乐",
    "music_rank": "79"
  },
  {
    "music_name": "QQ音乐",
    "music_rank": "8"
```

```
  },
  {
    "music_name": "音乐巴士",
    "music_rank": "67104"
  },
  {
    "music_name": "一听音乐网",
    "music_rank": "123413"
  },
  {
    "music_name": "歌谱简谱网",
    "music_rank": "34009"
  },
  {
    "music_name": "中国原创音乐基地",
    "music_rank": "1673"
  },
  {
    "music_name": "5ND音乐网",
    "music_rank": "48310"
  },
  {
    "music_name": "虾米音乐网",
    "music_rank": "785"
```

```
    "music_name": "5ND音乐网",
    "music_rank": "48310"
  },
  {
    "music_name": "虾米音乐网",
    "music_rank": "785"
  },
  {
    "music_name": "清风DJ音乐网",
    "music_rank": "606"
  },
  {
    "music_name": "弹琴吧官网",
    "music_rank": "17896"
  },
  {
    "music_name": "DJ总站",
    "music_rank": "167482"
```

```
  {
    "music_name": "豆瓣音乐",
    "music_rank": "363"
  },
  {
    "music_name": "咪咕音乐",
    "music_rank": "134071"
  },
  {
    "music_name": "中国评书网",
    "music_rank": "111954"
  },
  {
    "music_name": "Last.fm",
    "music_rank": "2301"
  },
```


图 12-2　将音乐网站爬取结果存入 JSON 文件中

运行 Python 服务器，启动项目，如图 12-3 所示。

```
(python_best) C:\Users\ASUS\Desktop\html\chuji_demo>python -m http.server 8080
Serving HTTP on 0.0.0.0 port 8080 (http://0.0.0.0:8080/) ...
127.0.0.1 - - [29/Apr/2021 17:15:46] "GET /edu.html HTTP/1.1" 200 -
127.0.0.1 - - [29/Apr/2021 17:19:18] "GET /edu.html HTTP/1.1" 200 -
127.0.0.1 - - [29/Apr/2021 17:19:29] "GET /edu.html HTTP/1.1" 200 -
127.0.0.1 - - [29/Apr/2021 17:19:56] "GET /edu.html HTTP/1.1" 200 -
127.0.0.1 - - [29/Apr/2021 17:20:06] "GET /edu.html HTTP/1.1" 200 -
127.0.0.1 - - [29/Apr/2021 17:20:29] "GET /edu.html HTTP/1.1" 200 -
127.0.0.1 - - [29/Apr/2021 17:20:39] "GET /edu.html HTTP/1.1" 200 -
127.0.0.1 - - [29/Apr/2021 17:21:05] "GET /edu.html HTTP/1.1" 200 -
```

图 12-3　启动项目

show_music.html 文件内容如下。

```
<!doctype html>
<html lang = "en">
<head>
    <meta charset = "UTF-8">
    <meta name = "viewport"
          content = "width = device-width, user-scalable = no, initial-scale = 1.0, maximum-scale = 1.0, minimum- scale = 1.0">
    <meta http-equiv = "X-UA-Compatible" content = "ie = edge">
    <title>Document</title>
    <style>
```

```
            #btn{
                margin-top: 100px ;
                margin-left: 100px ;
                width: 200px;
                height: 40px;
                font-size: 24px;
                border-radius: 5px;
                background: #019DF2;
            }
            #echar{
                margin: 40px auto;
                height: 400px;
                border: 2px solid gray;
            }
        </style>
    </head>
    <body>
        <input type = "button" value = "获取数据" id = "btn">
        <div id = "echar"></div>

    </body>
    <script src = "./js/jquery.min.js"></script>
    <script src = "./js/echarts.min.js"></script>
    <script>
        $("#btn").click(function () {
            var my_echar = echarts.init(document.getElementById("echar"));
            $.get("./music_data.json",function (music_list) {
                // console.log(data)
                var name_list = [];
                var rank_list = [];
                for (var i = 0;i<music_list.length;i++){
                    name_list.push(music_list[i].music_name);
                    rank_list.push(music_list[i].music_rank);
                }
                console.log(name_list);
                console.log(rank_list);
                var option = {
                    title: {
                        text: "音乐网站排行榜"
                    },
                    legend: {
                        data: ["周点击量"]
                    },
                    xAxis: {
                       data: name_list,
                        axisLabel: {   // 文字倾斜
                            interval: 0,
                            rotate: 40
```

```
                    }
                },
                yAxis: {},
                series: [{
                    name: "周点击量",
                    type: "bar",
                    data: rank_list
                }],
                color: ["#DD5156"],

            };

            my_echar.setOption(option);
        })
    })
</script>
</html>
```

运行结果如图 12-4 所示。

### 4. 代码分析

本项目的重点是利用 Python 的爬虫爬取需要的数据，再将数据在 HTML 网页上可视化显示。难点是 Python 爬虫文件的数据和 HTML 的交互流程，这需要读者熟练掌握 Python 和 HTML 的基本知识。

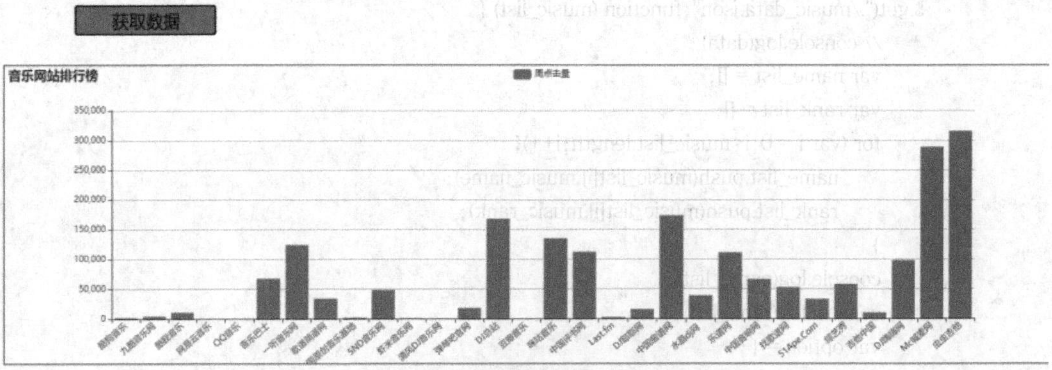


图 12-4　音乐网站排行可视化结果

## 本 章 小 结

本章综合应用了前面所学到的知识，包括爬取网页、文件操作、JSON 数据解析、ECharts 图表呈现数据，实现了一个完整的爬虫项目流程。在实际项目开发中，可能会有其他方式来存储或展示数据，但基本的思想还是爬取数据、保存数据、筛选数据、展示数据，合理运用学到的知识，可以为大数据、人工智能等的学习打下基础。

# 习　题

## 上机实践

1. 分析豆瓣电影 Top250 中的翻页方式，用代码的方式自动爬取所有页面总共 250 条数据，并保存为 JSON 格式。

2. 利用爬取到的数据，统计出每种类型的电影数量，并用 ECharts 图表呈现出来。